开始吧！
养一只柴犬

（日）西川文二　监修
（日）影山直美　插图

王春梅　译

辽宁科学技术出版社
·沈阳·

拒绝散步

要是因为可爱[　
放松警惕……

拒绝抱抱

被无视的小玩具

拒绝游戏

任性的小顽固，这就是柴犬。
热情友好！但除此之外，这种阿柴啊……
但这也正是柴犬的魅力所在！

嗯哼

西川文二（NISHIKAWA BUNJI）

Can！Do！Pet Dog School主办人，公益社团
法人。日本动物医院协会指定的家庭犬训练师。
毕业于日本早稻田大学理工学科，之后在博报
堂担任了10年撰稿人的工作。1999年，在科学
理论基础上系统地学习了驯良方法，此后开设
了面向家庭犬进行训练的教室Can！Do！Pet
Dog School。著有《小狗的养育方法·训练方
法》《顺利进行的训狗科学》《犬科语言大百
科》等。是在杂志《狗狗心情》（创刊10周年时）
中出场次数最多的监修者。

影山直美（KAGEYAMA NAOMI）

出版了一系列与柴犬共同生活的主题作品，是
拥有超高人气的插图作家。主要作品有《阿柴
的关键穴位》系列，《我家的小阿柴》系列，《与
阿柴TETSU和GOMA的朝朝暮暮》等。

富田园子（TOMITA SONOKO）

编辑过多部宠物类书籍，现任日本动物科学研
究所会员。

日文版工作人员

封面设计　室田润（细山田设计事务所）
摄　　影　横山君绘

特别鸣谢

Pet Salon 小尾巴、Happy-spore

写给那些深受柴犬魅力的吸引，
想要与柴犬一起生活的人。

本书中囊括了
柴犬的可爱之处
柴犬的饲养困扰
柴犬的饲养方法
柴犬的相处方法

希望您迎接回家的阿柴，可以成为世界上最幸福的柴犬。
同时，也希望您可以成为世界上最幸福的柴犬主人。

好了，让我们开始柴犬生活吧！

初次见面，我是影山直美，

一个拥有22年饲养柴犬经历的插画师。

能参与本书的制作，万分荣幸。

柴犬确实很可爱，但也有相当让人费心思的地方……

接下来，让我们一起来看看与柴犬友好相处的秘密吧。

我是担任本书监修的西川文二，

也是经过JAHA认定的家养犬素养训练师。

历代阿柴们

KOMA
天真无邪的姑娘。喜欢跟人亲近，
也喜欢跟狗亲近。

TETSU
用心加以教养，终于在晚年
成了绅士。

GAKU
原来是保护犬，对人类的亲密
行为稍有恐惧。

GON
明媚开朗，不拘小节。

我在这里，会以心理学、脑科学和最新的动物行为学为基础，对狗狗们进行素养训练。

近来，狗狗们的饲养方法与训练方法都跟以前大相径庭。而我，则想跟大家介绍一下既能让狗狗们感到幸福，也能让主人们感到幸福的饲养方法与训练方法。

* JAHA：公益社团法人·日本动物医院协会

训练过的狗狗不计其数

目录

③ 散步和游戏

主人的日常

④ 训练过程

愉快的

⑤ 问题行为

意料之外的

目标是尽可能长寿

⑥ 健康管理

小专栏

①

接 阿 柴 回 家 之 前

做 好 心 理 准 备

柴犬 就像小狼一样?

西川先生

探头

遗憾的是，事实并非如此。

哇

虽说八公是秋田犬……

八公

大家都认为日本犬对主人非常忠诚。

忠犬八公

虽然我们常常都说日本犬是最最忠诚的犬种……

梦碎

忠犬八公

但其实只是因为它们的戒备心太强，跟主人以外的人都要保持距离，所以看起来好像很忠诚的样子。

如果不进行良好的训练，也许会因为狗狗强烈的戒备心而导致主人都没法靠近呢。

吧嗒吧嗒

汪

汪
汪

嗯，我也想起来了类似的场景……

柴犬原来是"原始犬"

柴犬成了日本人的好伙伴!

说到柴犬的魅力点，首先就是"朴素"吧。据说，自柴犬的老祖宗出现以来，经过时间的沉淀，柴犬几乎未经任何品种改良，仍然保持着当年的体态和特征。在久远的过去，柴犬陪伴在人类的身旁，不仅是需要跟猎人一起追捕猎物的狩猎犬，也是需要守护家庭的看门犬。

直到现在，柴犬也是人气犬种，深受人们的喜爱。

长着一张萌脸的近狼犬种

在JKC（日本犬类血统证书发行部门）的分类当中，柴犬被划分到了"原始犬（Primitive types）"的类别中。而且，国外的DNA研究证明显示，柴犬是最接近犬类祖先——狼的犬种之一。虽然从外观来看，哈士奇好像跟狼更相似，但其实柴犬的血统却与狼更接近。但恐怕正因为如此，柴犬往往给大家留下了"性格独立、地盘意识强烈、不跟人谄媚"的印象。也就是说，除了外形以外，性格可能也很有特点。

柴犬的身体

耳朵

直立的小耳朵略微前倾，肉感十足。

体型

雌性的体型比较小。

身高：38~41cm
体重：9~11kg

身高：35~38cm
体重：7~9kg

眼睛

接近三角形，眼尾略上扬。深棕色的眼睛最为理想。

尾巴

可以区分为卷起来的卷尾，以及斜着伸向前方的直尾这两种类型。根据具体形状，还有更加细致的分类。从侧面看，尾巴到屁屁之间的线条看起来很像数字"3"。

➜ p.149 尾形的名称

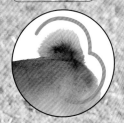

被毛

较硬的外层毛发和柔软的内层毛发组成了双层外衣。换毛期大量脱毛。有4种颜色。

➜ p.020 柴犬的毛色

脚

笔直的小粗腿非常有力，拥有超凡的运动能力。

强烈的戒备心和领地意识

经历了很长的看家犬历史，就算有强烈的戒备心和领地意识也不足为奇。柴犬"保护地盘"的特性在犬类中属于最高级别。

顽固到底

柴犬不喜欢变化。与那些永远对新鲜事物充满热情的狗狗相比，它们有更强烈的戒备心，有些甚至会执拗于"一如既往"的环境。有人抱怨阿柴拒绝接触陌生人，但这确实是事实。外来犬种当中，大多数在初次见面时就能表现出友好，柴犬却并非如此。也正因为如此，一旦阿柴认定了主人，就会忠诚到底。

柴犬的性格

虽然存在个体差异，但是基本上来说，柴犬的性格有这样几种特征。

独立性强，不会献媚于人

作为猎犬，柴犬习惯于与特定的某一位猎人相守的生活，就是那种"一枪一狗"的模式。与国外猎犬不同，柴犬需要单独完成发现、追捕、回收猎物的任务，所以很多时候并不需要等待主人指令，而是必须要独立做出判断。由此可见，柴犬大多独立性强，而且不太会向人类献媚。

对突发声音和动作的神经质反应

因为阿柴不喜欢变化的性格，它们很容易对陌生的声音和突如其来的动作做出反应。对于看家犬和猎犬来说，这是非常必要的特性。但对于宠物犬来说，这一点并不是值得夸耀的特点。只要从小开始让阿柴们适应各种声音，并配合社会化训练，就能有效解决这个问题。

→**p.080** 成为不惧怕噪声的阿柴

勇猛果敢

作为猎犬，柴犬需要勇敢地面对身形比自己更庞大的对手。因此面对艰难的挑战时，可以展现出强大的勇气。但在这种值得信赖的强悍之后，也存在造成意外的可能性。对于主人来说，就必须要对阿柴进行训练，教会它们适应其他狗狗和家人。

→**p.082** 让阿柴适应各种各样的人

→**p.084** 希望它也能跟其他阿柴和平相处

阿柴小知识 —— 豆柴、小豆柴，只是柴犬的爱称？

就贵宾犬来说，可以分为迷你、标准、巨型这三种。但柴犬基本上就只有一个种类。在宠物商店里，有时会给个头小的柴犬标上"豆柴""小豆柴"的标签，但这并不是正式名称，也没有得到过正规团体的认可。

2008年，日本社会福祉爱犬协会（KC Japan）才将豆柴认证为正式犬种。他们主张从古时候开始，豆柴就作为捕捉兔子等小动物的猎犬存在至今，还特意发行了血统认证书。但其实，豆柴长大以后的身材跟普通柴犬差不多，您在选购之前请务必做好心理准备。

KC Japan认证的豆柴身材

♂ 身高：30~34cm

♀ 身高：28~32cm

等我长高以后也请多关照啊！

大也好，小也好，阿柴就是阿柴！

柴犬的毛色可以分为
黄色、黑色、胡麻色、白色

还有淡黄柴

再淡一些的毛色，叫作"淡黄"。黄柴之间繁殖出来的后代的毛色会渐渐变淡，只有与黑柴交配才能维持毛发色泽的浓厚。

基本上来说，无论柴犬是什么毛色，肚皮上的毛发都是白色的。我们把这个特点叫作"内白"。

80%的柴犬都属于"黄色"。
在大山里，这是最不起眼的颜色，
因此黄柴是最受猎人喜爱的。

黄色

小奶狗的黑色面具

柴犬小的时候，大多数在嘴巴围围有一圈"黑色面具"。长大的过程中，"黑色面具"的毛色会慢慢变淡。2岁左右就几乎看不到黑色了。

嗯？

同色？

额头和鼻子之间的凹陷处叫作"额段"，英语名称为"STOP"。对于柴犬来说，鼻尖到额段与额段到头顶的比例，最好是4：6。

黄柴的鼻尖是黑色的。

♪

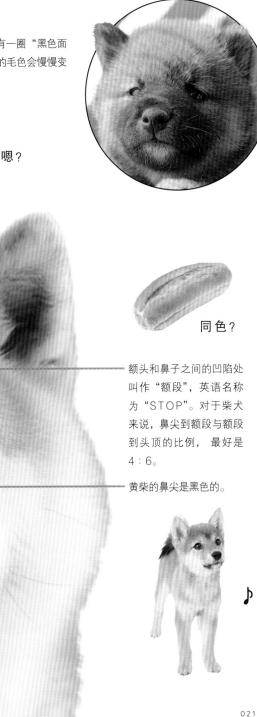

黑柴的人气紧追黄柴之后。
尾巴呈现黑、黄、白的三色混合色。
身体并非纯黑色，要么有淡棕色毛发，
要么隐约可见"铁锈色"的内层毛发。

特征是眼睛上面类似麻吕眉一样的斑点，因此也被称为"四眼"。

你知道吗？

黑柴的父母并不是黑柴

我们通常认为黑柴的父母应该都是黑柴，但实际情况并非如此。这是因为根据孟德尔法则，隐性基因也会有显现出来的时候。

按照遗传基因的强度来排列，是黄＞胡麻＞黑＞白的顺序。黄柴和胡麻柴的身体里，有时候隐藏着黑柴的遗传因子。所以两只黄柴也有可能孕育出黑柴宝宝。另外，因为白柴的身体里只有白色的遗传因子，白柴爸妈就只能孕育出白柴宝宝。

眼睛周围出现黄毛？！

眼睛周围一圈的黑毛消失，转换
为黄毛。这样的个体变化让人心
跳不已。

胸前的白色部分形状，
存在个体差异。

脚尖是黄毛。

黄毛和黑毛混合的毛色。
这是在柴犬品种中占比仅为2.5%的稀有毛色。
与其他毛色相比，胡麻柴的毛发大多更长、更硬。

胡麻

黑毛比例较多的黑胡麻

黑毛比例较多的胡麻柴被叫作"黑胡麻"。虽然都是胡麻柴，但给人的印象却是截然不同的。

黄毛比例较多的黄胡麻

黄毛比例较多的胡麻柴被叫作"黄胡麻"。伴随个体成长，黄毛比例增加，很多个体甚至会慢慢转变成黄柴。

呈现接近奶油色的白色，这是最近人气暴涨的毛色。但这并非白化病（缺少色素）导致，所以瞳孔是棕褐色的。

白

白柴是一种特殊的存在？

其实，JKC并不认可白柴的毛色。甚至在犬展中，白柴的毛色会被认为是"毛色不良"而被扣分。这个观点的存在依据是，"只有保持毛色的浓度才能维系柴犬的存续"。但是对看展没什么兴趣的人，并不会在意这么多，因而最近这种稀有的毛色反而人气高涨。当然，这种毛色并非白化病，所以健康方面也没什么值得担心的。

*JKC——日本犬协。日本犬类血统证书发行部门

后背、尾巴、耳朵、面孔等部位出现黄毛。

鼻尖是偏黑的褐色。

小狗的成长迅速，要做的事情有很多

0 月龄

- 出生时眼睛尚未睁开，耳朵也处于闭合状态
- 喝母乳长大
- 无法依靠自身力量排泄，需要通过狗妈妈舔肛门处的刺激来实现排泄
- 2~3周时眼睛和耳朵会打开

| 诞　生 | 0月 | 1个月 |

社会化期

1个月

- 萌生乳牙，可以吃离乳食
- 下垂的耳朵开始逐渐竖立起来
- 可以独立排泄

✓ 有效利用社会化期

3~16周期间是社会化期。从这个时候开始，认知自己所处的世界，逐渐接触身边的万事万物。在这段时间里，好奇心要胜过戒备心，所以要利用这段时间让小奶狗适应各种各样的事情。虽然社会化期结束以后，阿柴也有实现社会化的可能，但毕竟戒备心已经占了主导地位，所以要花费几倍的努力才能实现社会化。千万不要错过这段时间啊。

2个月

● 乳牙生长完毕，可以完全离乳
● 可以开始吃干狗粮

✓ 可以在这个阶段选购小奶狗

2个月	3个月

✓ 8~9周时注射第1次混合疫苗

✓ 小狗的疫苗历程

预防传染病的疫苗历程，要从小狗的前三针疫苗开始。这与小狗从妈妈身体里继承来的免疫抗体有关。免疫抗体的消失时间，早一点的话在8周左右，晚一点也会在14周左右发生，其间存在个体差异。而免疫抗体的力量要比疫苗中的抗体更强大。如果在免疫抗体尚未消失时注射疫苗，那么注射抗体无法与免疫抗体抗衡，形成不了新的免疫效果。之后，一旦免疫抗体的能力消失，小狗就会陷入毫无抗体护身的境地中。因此，推荐在8~14周注射3次疫苗，以便覆盖整个免疫抗体消亡期。3针混合疫苗接种后，通常还要在1个月后注射狂犬病疫苗。

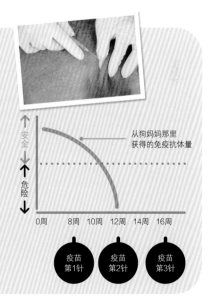

从狗妈妈那里获得的免疫抗体量

安全 ↕ 危险

0周 8周 10周 12周 14周 16周

疫苗第1针　疫苗第2针　疫苗第3针

4个月

● 乳牙开始向恒牙切换

✓ 如果决心做绝育手术，时间应
  该定在发情期到来之前

→ **p.184** 绝育手术的益处多多！

4个月	5个月	6个月

第2次性征期

社会化期
逐步接近尾声

✓ 出生后91~120天，要完成
  狂犬疫苗和养犬登记

✓ 社会化期逐步接近尾声

在日本，出生91天以上的小狗需要注射狂犬疫苗，并进行养犬登记。这是主人的义务。注射好疫苗以后，会得到一张"注射完成证明"，主人可以凭借这张证明到各市、区、县、村登记"养犬许可"。登记以后，把得到的犬牌和"注射完成证明"系到狗狗项圈上。这也是主人的义务。日本政府要求小狗出生后120天以内完成"养犬许可"的登记，要是与疫苗注射时间等发生冲突，无论如何都来不及的时候，别忘了提前告知相关部门。而狂犬疫苗，则建议您每年都注射。

完成混合疫苗的
注射以后，就可
以出门散步啦！

8 个月

- 雌性迎来发情期（8~16月龄）
- 雄性有生殖能力

7 个月

- 萌发恒齿

12 个月

- 身体基本成熟

7个月	8个月	12个月

狗狗也有叛逆期？

✓ 第二性征期是狗狗的思春期

6~8个月是狗狗的第二性征期。跟人类一样，这段时间里狗狗会迎来身体和性征的成熟。如果这时主人还在粗生大气地训练狗狗，也许会遭到狗狗的反抗。体型小、体力弱的小型犬，还能用力克制住它，但却没办法一直靠力量制服身材高大、力量强壮的大型犬。冲进训练教室，控诉"我家狗狗变坏了"的主人们，大多身后都跟着一只这个月龄的狗狗。为避免这种情况，建议从狗狗小时候就开始进行恰如其分的训练。但训练这件事儿，什么时候开始都不晚。那就从现在开始，进行正确的训练吧！

单纯 的喜爱可养不好柴犬

柴犬的平均寿命是14岁

20年后也能一如既往地照顾您的爱犬吗？

柴犬的平均年龄为14.5岁，其中不乏寿命超过20岁的例子，可见柴犬是相对长寿的犬种。

当然，晚年阿柴也需要看护和照顾。狗狗10岁的时候，基本上已经相当于人类60岁的年纪了。有的个体仍然神采奕奕，而有一些则垂垂暮年。为了能陪着爱犬直到它生命的最后一刻，主人一方必须要保持身体健康。

小狗虽然可爱，但确实责任更加重大！

如果从55岁开始饲养一只小柴犬，应该能够把它照顾到最后。而从更实际的角度来看，最好在时间计划方面留出更多的余地。

如果主人的年龄略有局限，可以考虑饲养成年柴犬，同时必须要事先决定好随时能代为照顾阿柴的人。一旦主人不能继续关照宠物犬，也能确保它能够被善待。不要因为突发奇想的念头就开始饲养宠物，还是带着爱心做出更冷静的判断吧。

柴犬年龄和人类年龄的换算表

阿柴	1岁	2岁	3岁	4岁	5岁	6岁	7岁
人类	17岁	24岁	29岁	34岁	39岁	43岁	47岁

	8岁	9岁	10岁	11岁	12岁	13岁	14岁	15岁
	51岁	55岁	59岁	63岁	67岁	71岁	75岁	79岁

上表是以犬类研究者斯坦雷·科恩先生的换算为依据，由本书监修西川文二先生进行改良后编辑的。可以认为，超过11岁就进入高龄期了。

瞠目结舌 ▶ **年龄超过了26岁的Pushike君**

长寿！

吉尼斯世界纪录里，记录着世界最长寿的狗狗——一只柴犬混血Pushike。记录显示，它的寿命竟然长达26岁零248天。据说去世当天还在外出散步。据它的主人介绍，长寿的秘诀在于"剔除牙结石、生活无压力以及每天摸摸小耳朵"。真想让自家的狗狗也像Pushike那么长寿啊！

接柴犬回家之前，一举消灭所有不安

问 如何分辨优质宠物商店？

答 选择允许客户参观饲养环境的宠物商店。

确认点包含：是否带领客户参观小奶狗和妈妈、兄弟姐妹们一起生活的环境，是否保持了清洁的环境，狗狗们看起来是否都精神饱满。基本上来说，规避那些不同意客户参观的宠物商店比较保险。有责任感、有爱心的宠物商店，甚至会询问购买者的家庭成员、生活环境、饲养经验等信息。如果能建立良好的互信关系，购买后也能成为信息咨询的对象。

问 费用大概需要多少啊？

答 除了初期投入的费用以外，每个月最少需要1万日元*。

柴犬的市场价格没有统一的标准，选择自己能够接受的价格即可。此外，还要发生第一年的绝育手术、宠物用品等费用。狗粮方面，每个月的支出大概为每一只柴犬1万日元左右（平均）。按照平均寿命14岁来计算，合计在170万日元左右。除了这些之外，还有不定期会发生的宠物医疗费。一次手术下来，需要不少钱。如此想来，买个宠物保险或者日常就定向做宠物储蓄好一些吧。

*该数据因狗粮的品牌不同有所差异，仅供参考。
注：1万日元约合650元人民币。

经济实力也很重要！

问 能网购柴犬吗？

答 建议在实体店购买。

在活体销售的过程中，店家有义务跟购买方面对面沟通，对其说明宠物的特征和饲养方法。所以单纯在网络和电话中进行沟通的网络销售行为，存在很大风险。而从这样的店家处购买的宠物犬，往往在健康方面令人担忧。实际上，我们也经常听说在空运途中宠物身体抱恙、付款后却没收到宠物的纠纷。

问 只要输入了芯片，就不用担心宠物走丢吗？

答 并非绝对可以找到，还是要尽力预防宠物逃脱。

如果碰巧被正规保健所收留，保健所里碰巧有读取芯片的机器，主人才能幸运地找回自己的爱犬。但我们并不能确保每一只丢失的宠物都会被保健所收留，万一被居心叵测的人牵走……我们可以在窗口安装防止宠物逃跑的栅栏，也可以在项圈上悬挂犬牌和主人信息，以便看到宠物的人能一目了然地获取主人的联络方式。而且，只佩戴芯片是远远不够的，同时需要主人把信息登记到数据库里才行。

问 第一次饲养宠物的人，应该选择男宝宝还是女宝宝？

答 如果准备做绝育手术，那性别差异并不大，选择自己喜欢的就行。

进入第二次性征期的时候，性别差异开始变得明显。而狗狗们也开始对异性感兴趣。就算是面对最钟爱的宠物零食，也抑制不住对异性的兴趣。这段时间，宠物甚至会对愚钝的主人视而不见，就更别说训练什么的了。为了尽情享受与爱犬的幸福生活，推荐绝育手术。在性格方面，虽说男宝宝会撒娇，女宝宝小傲娇，但请不要忘记个体差异啊。

→ **p.184** 绝育手术的益处多多！

♂

♀

问 一个人生活或者两个人都工作，也可以饲养阿柴吗？

答 只要能做好洗手间训练，帮助狗狗完成社会化，就可以放心饲养。

无论一个人生活还是两个人都工作，只要能跟爱犬和谐共处就是好主人。但是，有必要在爱犬小时候完成洗手间训练和社会化培养。接小奶狗回家那几天，应该做好休假3天的准备，以便在第一时间跟爱犬共度磨合期。之后，可以借助狗狗幼儿园、宠物看护员等，帮助爱犬完成训练期的过渡。特别要有效利用4月龄之前的社会化期。

问 真的会大量脱毛吗？

答 真的。特别是春秋两季，阿柴会在换毛期大量脱毛。

请各位主人做好心理准备。日常可以通过刷毛、淋浴等方法尽量去除毛发，减少房间里纷纷而落的毛发。

问 能从动物保护组织领养柴犬吗？

答 有些组织会募集柴犬或近似于柴犬的领养者。

有时候，保护组织会针对被弃养的柴犬成犬或近似于柴犬的杂交犬，举办招募领养主人的活动。如果对狗狗的年龄、犬种没有特殊的要求，可以把个人信息登录到领养者的候选人名单中。成为候选人后，首先要通过相关保护组织的条件筛选，然后还必须要接受面试。另外，还必须按规定支付领养费用。

问 家里已有一只狗狗，迎接新入阿柴时需要注意什么？

答 首先对先入住的狗狗进行训练和社会性培养，再迎接新入阿柴。

如果先入住的狗狗的训练和社会性培养不充分，那恐怕新入阿柴的培训也会受到影响。推荐在先入住狗狗到了3岁左右，完成训练、养成了沉静的精神状态后，再迎接新的狗狗成员。但超过8岁，体力就会衰退，新入狗狗会在体力方面占领强势高地。所以最好在3~8岁之间迎接新成员。

好像有很多阿柴
都大爱喵星人

问 与其他宠物共处时的注意事项？

答 有一些动物不适合同屋饲养。

仓鼠、小鸟等宠物，会成为犬类的猎物。这种情况下，需要分开饲养。但如果对象是成年猫咪，大多数能够一起和谐生活。可以准备一个狗狗跳不上去的猫架，保持适当的距离。

首先准备好全部用品

外出篮

准备塑料等硬质产品。要是太过宽大，狗狗会在里面淘气。选择正好能在里面转身的尺寸即可。

围栏

在里面铺一张尿不湿，作为房间里的洗手间使用。准备的尺寸可以大一些，保证成犬也能使用。

尿不湿·尿盆

尿不湿使用频率较高，可以多准备一些。同样，尿盆的尺寸也要大一些，便于成犬使用。在完成洗手间训练之前，狗狗都不会使用尿盆，所以可以晚一些再准备。

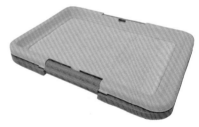

杀菌除臭剂

如果在洗手间以外的地方随意大小便，可以用除臭剂来去味。要是留下了自己的味道，免不了今后总是在同一个地方小便，所以要彻底除臭。

床

完成洗手间训练以后，就可以在房间里指定位置摆放一个狗狗专用床。当然，可以稍晚一点再准备。

食品相关

狗粮（干）

刚刚接回家的时候，要吃几天跟之前一样的狗粮。之后，可以伴随狗狗的成长更换成符合身体要求的狗粮。

→ **p.186** 挑选狗粮时要关注综合营养食品

要点

用手喂食

本书推荐用手喂食，这个动作可以成为狗狗完成了训练的表扬手段。也就是说，训练的时间＝吃饭的时间。与饭盆相比，用手喂食可以强化亲密关系和信任感。

饭盆·水盆

推荐不易破损的不锈钢或陶瓷产品。如果全部用手喂食，就不要准备饭盆。

狗粮铲

在训练时或表扬时盛饭。要在带狗狗回家的第一天就准备好。

→ **p.058** 取出食物的方法

磨牙胶·肉干

可以长时间享受的点心。推荐用于留下狗狗独自看家的时候。当然，因为这是一种韧性十足的小点心，所以非常适用于换牙期磨牙使用。

宠物香肠

控盐肠。适用于葫芦漏食玩具。

葫芦漏食玩具（KONG）

橡胶制，咬不坏的玩具。可以在里面塞一些宠物肠和狗粮喂食。

→ **p.059** 葫芦漏食玩具的使用方法

设置围挡，
防止进入厨房

从确保狗狗安全的角度考虑，最好不要让它进入有道具、有炉火的厨房。至少做饭的时候，要设置围挡禁止进入。可以用婴儿围挡。

房门常开的时候，
放好门挡

大风有时候会把门吹得关上。为防止宠物受伤，最好在开门时放好门挡。

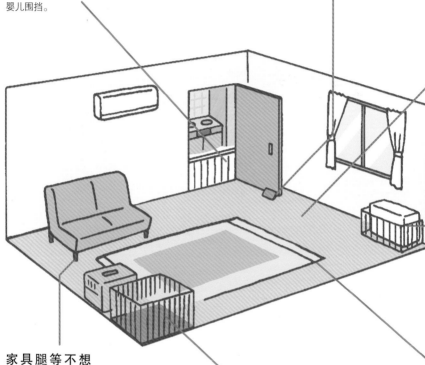

家具腿等不想
被啃的地方，
要喷好防咬喷雾

如果不想家具腿被啃，需要提前喷射防咬喷雾。这是一种狗狗不喜欢的味道。特别在换牙期，小狗特别喜欢啃东西。要是养成了这种习惯，以后怕是不好改。

把笼子或宠物床放在
房间的角落里

把笼子或宠物床放在房间的角落里，能让狗狗比较安心。请避免日光直射和空调直吹。

→ p.062 洗手间训练

房间摆放方式

彻底清除多余物品

小奶狗基本上是看到什么吃什么，一旦误食人类的药品和生活用品，就是致命的，所以要彻底打扫狗狗生活的房间。

用栅栏隔离小太阳

靠近以后难免被烧伤，所以要用栅栏隔开。可以灵活运用闲置不用的围挡。

防止脚下打滑

在打滑的地面上跑动，会导致腰腿疼痛。可以考虑铺设地毯、防滑垫或者在地面上涂防滑胶。

其他

牵引绳

长度为1.6~1.8m的单层牵引绳。长款和伸缩款并不适合日常使用。

→ p.099 拎牵引绳的方法

项圈

推荐如图这种可以调整长短的项圈。手指能轻松伸到项圈里，也便于保持爱犬的稳定性。

→ p.097 佩戴项圈的方法

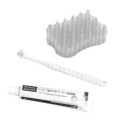

身体护理用品

刷子、指甲刀、牙刷等。待狗狗适应了肢体接触后再准备即可。

→ p.190 身体护理

玩具

准备布娃娃等宠物犬玩具。为避免狗狗误食，尽量挑选它们无法吞咽的尺寸。

→ P.112 拔河游戏

挑选宠物用品时，可以参考训练师的意见哦！

"与阿柴一起生活的目的是一起变得更幸福"

只要与人对视，狗狗就能感受到幸福

我编写本书的目的，是希望向那些"想要跟宠物犬一起享受幸福生活"的读者传达一些正确训练狗狗的知识。我们需要从宠物犬那里获得治愈，寻求可以同进同出的社会生活，所以我们不需要狗狗具备看家犬那样的戒备心，也不需要像对待工作犬那样进行严苛的训练。如果不预先设定好这个前提，就不能明确饲养狗狗的目的，也不能清晰地看到训练狗狗之后的成效。

既然我们已经说到宠物犬能治愈我们的心灵，那就来看看饲养宠物犬是否能让我们感到宽慰。恰好我们有这样一个科学数据——与宠物犬对视的时候，主人能够分泌出更多的催产素。而催产素是能够让人感受到幸福和快乐的激素。同时，与信任的主人对视的时候，狗狗的小身体里也同样分泌这种催产素。是啊，只要彼此信任的主人和狗狗互相对视，就都能够得到幸福的感觉。

对视能够带来幸福感呀！

养育一只能够跟主人频繁对视的狗狗吧

在训练的时候，目光接触是一门重要的课程。虽然其目的在于让狗狗学会集中注意力，但同时也能实现情感交流的目的。粗略来说，频繁与主人交换眼神的狗狗，能给主人带来更强烈的幸福感。

那么，如何才能培养出跟主人频繁对视的狗狗呢？那些经常被暴力和暴言逼迫的狗狗，是绝对不会跟主人对视的。所以请记得，不要给狗狗太大的精神压力。建立起互信的关系，能让主人和狗狗都感受到幸福。这一点，就是本书的主旨。

※ 本书以室内生活的宠物犬为基本对象。因为笔者认为，主人和宠物犬共处的时间越长，关系才会越融洽。

建立亲子关系的 4 个要点

要点 安宁

成为能让狗狗安心的存在吧。用力推搡、大声呵斥等行为，都会使狗狗不安。避免支配与服从的关系，让我们建立起互信的纽带吧。为实现这个目标，建议日常做到始终如一的态度，通过表扬来进行训练。

要点 食物

小奶狗无条件信任给自己喂食的狗妈妈，也仰慕这个守护在自己身边的存在。相比它们对于每天给自己喂食的主人也会拥有同样的感情。特别是用手喂食，是一个特别有效的方法。

要点 决定权

小奶狗服从妈妈。对人类来说，也习惯于从小听从父母的决定。与此相同，决定权需要掌握在主人的手里。去哪里散步？什么时候结束游戏？这些都需要主人来决定。如果什么事情都任由狗狗来随心所欲，一定会成为难以管教的"孩子"。

要点 做游戏

"跟主人在一起最开心了！"希望爱犬会有这样的感情。来了解一些有效且有趣的游戏方法吧。充足的游戏有助于狗狗排解压力，预防不良行为。最好让训练也充满游戏的感觉，这样一来还能让训练进行得更加顺利。

做游戏的时候，
我还没厌烦呢，
**它自己就玩腻
了（笑）。**

柴犬的魅

"不愧是阿柴
啊"的感觉。

小岛女士

妹妹HIRO（黄柴）被大型犬
包围，SUZU（黑柴）冲过去
把大型犬们都赶跑了。要知道
那可是杜宾犬啊……

Shibatalk 女士

腻了腻了

勇敢的SUZU君

♀

勇敢的性格

不过分
黏人

与那些一天24小时不
能离人的狗狗相比，
我更喜欢阿柴特立独
行的性格。

Shibatalk 女士

力在哪里？

小傲娇的性格

喜欢就是喜欢，讨厌就是讨厌。性格刁钻而挑剔，不喜欢寂寞但又热爱独处，真是让人越爱越深啊。有时候我甚至想，难道里面住了一个纠结而缠绵的人类灵魂吗？

> 佐藤先生

小傲娇的
性格

无与伦比的
聪明机智

> 什么事情都记得清清楚楚。感觉它好聪明啊！
>
> KINAKO 的爸爸

> 在外面桀骜不驯，回到家呆萌香软，一跟我撒娇我就举手投降了。
>
> 佐藤小姐

不谄媚

我喜欢阿柴独立的性格和凛然的表情。最开始只养了一只白柴，但是觉得再来一只会更快乐，就又养了一只黄柴。

藤井女士

也喜欢便便时微妙的表情（笑）

每天都要去公园散步。要是陌生狗狗向我们这边走过来，它就紧盯着对方不放，好像就是在保护我们。

可可的妈妈

认真和呆萌的一线之隔

性格认真，但搞不好就会变成呆萌。怎么看也看不腻啊！

影山直美女士
（本书的插图作家）

对主人忠诚，
保护欲超乎想象

毛茸茸的
耳朵

回头时的
肉脸

毛发浓密的肉
耳朵。

银君的妈妈

挤出的肉褶太可爱了。
就算没什么事儿也总想
叫它回头。

BERIMUKU 的妈妈

可爱的小屁屁

翘臀

特别喜欢远远看着圆
润可爱的阿柴屁屁。
侧卧的时候大腿超级
魅惑。

可可的爸爸

国外的阿柴风潮

阿柴在国外也很受欢迎。"这些孩子知道自己有多可爱吗？""卡哇伊！只要见到阿柴就能满血复活。"全世界的爱狗人士都钟情于阿柴。其实，住在日本旅游区附近的阿柴主人，常在散步时被外国游客拦住要求合影："麻烦您，一起照个相好吗？"在网络世界中，人们对狗狗们用"DOGE"这样的昵称。而阿柴，则拥有自己的专属昵称——Shibe。

可爱！

阿柴太可爱了！

2009年上映的电影《忠犬八公》大获人气。这其实是日本电影《八公物语》的翻拍版。八公是秋田犬，但电影中由一只柴犬扮演童年八公。圆滚滚的眼睛和毛茸茸的身体，还有数年如一日等待主人回家的忠诚，彻底占领了爱狗人士们的心灵。

但是，外国人也大都了解阿柴比较矛盾的性格。看到那些"柴犬的性格就像喵星人一样""小小的身体里住着一个彪悍灵魂"等评论，真是让人忍俊不禁。

太酷了！

②

第一阶段尤为重要！

训练和
培养社会化

阿柴的训练方法 日新月异

阿柴只能学会亲身体验过的事情

狗狗不懂人类的语言，只能在体验中完成学习

毫无疑问，狗狗不会理解人类的语言。您可能会想"可是我跟它说坐下，这不是马上就坐下了吗"，但其实只是因为它们记住了这个信号而已。夸张地说，我们甚至可以教会狗狗在听到"站起来"这个词汇的时候，做出"坐下"的动作。

所以，狗狗并不能理解"这样做、那样做"的语言，只能让它们通过体感训练理解我们想让它做的事情。与此相同，狗狗们也理解不了"不要那么做""这样可不行啊"的语言。

不希望狗狗做出的行为，一定要下些功夫训练。一旦狗狗沉浸在淘气的行为中，就相当于让它对淘气进行了学习。

让它们多体验希望学会的行为

汪，嘘嘘

在尿不湿上排泄

诱导狗狗多进行希望它能学会、今后也多做的行为，做到以后给出奖励。奖励＝发生了好事情，狗狗会因此多做出这样的举动。

咬磨牙胶

狗狗看到什么都想要，这是它们的本能。特别是离乳开始到生出恒牙为止的7~8个月时，啃咬的欲求格外强烈。这个时候，要培养好"只咬可以咬的东西"的习惯。

要点

让狗狗把语言当成一种信号

每次排泄的时候，都对狗狗说同样的词汇，这个词汇会变成诱导排泄的信号。常用的有"汪，嘘嘘"等。例如狗狗会把"汪"当成小便，"嘘嘘"当成大便的意思。这也是对导盲犬训练时使用的词汇。

惩罚式训练，百害而无一利

当场抓住狗狗淘气的时候对它进行呵斥，是毫无意义的。呵斥，虽然能向狗狗传递"发生了什么不好的事情"的情绪，并不能让它们理解到底是哪里有问题。从结果来说，狗狗并不会改正这种行为，今后只会偷偷摸摸去做而已。

而且，"用惩罚的方式进行训练"的弊端已经显而易见了。科学实验证明，持续受到惩罚的小动物，要么试图逃离生活的环境，要么变得更有攻击性，要么变得郁郁寡欢。这一定不是您向往的生活场景。呵斥狗狗，确实是有百害而无一利。

防止狗狗体验到不应该学习的行为！

偷吃

随便放置食物被狗狗偷吃了，无异于让狗狗学习到"这里有好吃的"。一定要收拾整齐，防止狗狗学会偷吃的行为。

在地毯上排泄

排泄这件事儿，对狗狗来说是很舒服的。要是让它们找到了自己喜欢的地方，就总会在那里排泄。按照本书介绍的方法进行洗手间训练，一定不会失败。

你知道吗

及时制止不良行为

虽说不应该呵斥狗狗，也并不意味着对狗狗的不良行为放任自由。就体验型训练来说，对某种行为放任自由，就相当于让它学到了这个行为。所以，当狗狗做出不良行为的时候，应当及时制止。然后，尽量做好预防措施，防止再次发生。

啃家具腿

对于那些不想被啃坏的东西，要提前做好预防。例如在家具上喷上防啃喷雾，或者粘贴一片铝塑板等。

阿柴有4种学习模式！

通过表扬，教会狗狗正确的行为方式！

不要想太多。就连人类的孩子，也会因为被家长表扬了，就产生出"还要这么做"的念头；而遭遇了恐怖的体验后，就会远离危险场所。狗狗的脑回路也是一样的。训练正确的行为方式时，应当采用A方法。也就是说，"通过表扬来训练"。而对于那些不希望它们进行的行为，虽然可以通过B方法进行呵斥和惩罚来减少发生率，但如前所述，弊端太多，基本上不建议采用。

喜欢的事情

A

发生

被表扬了，下次还做

发生喜欢的事情时，
该行动会增加

⑤ 在尿不湿上小便以后要予以表扬

⬇

教会狗狗上厕所

做出了正确行为以后，可以给点小点心来表扬，也可以用语言进行赞美。这样一来，这个行为就会增加。因此需要了解有效的表扬方法。

→ p.056 成为善于表扬的主人吧！

B

消失

汪汪汪也没饭吃，算了！

没有喜欢的事情了，
该行动反而会减少

⑤ 想吃饭，叫了两声没人理我

⬇

不叫了

想吃饭的时候叫两声就能要来狗粮，那以后就还会来汪汪叫。要是叫了也被无视，今后吠叫的行为就会减少。

→ p.158 诉求吠叫

讨 厌 的 事 情

发生讨厌的事情时，
该行动会减少

 啃椅子腿的时候，是苦的

今后不啃了

这种学习方法的作用在于，反馈出一种好像报应似的感觉。防啃喷雾就属于这种训练方法。虽然狗狗不知道这是主人设下的埋伏，但一定不会喜欢这样的结果。

没有讨厌的事情了，
该行动反而会增加

 不喜欢梳毛。咬了主人的手以后，就不再梳毛了

以后还咬

需要花些精力，慢慢扩大狗狗讨厌的事情的宽容度。要是狗狗还没习惯某种事情，反过来咬人，这就有点过分了。要是它们体验到"不喜欢的话，咬回去就好了"的话，今后就会养成咬人的习惯。

发生了讨厌的事情，以后不做了。

这么做，讨厌的事情就不再发生了。下次还敢！

成为善于表扬的主人吧！

通用于所有犬类的万能表扬方法——喂食

所谓表扬，就是让狗狗感受到"好事发生"。对于所有狗狗来说，最开心的事情，无外乎"吃饭"。

抚摸小脑袋瓜、说着赞美的语言，虽然都是"好事发生"，但如果双方的互信关系还没形成，这一招是不管用的。被不喜欢的人抚摸也好，赞美也好，狗狗并不会由衷地感受到喜悦。所以在抚摸和赞美的时候，可以同时喂食狗粮。这样一来，毫无疑问狗狗会记住这个美好的瞬间。

> **1** 好孩子

> **2**

> **3**

善于表扬的 3 步法则

赞美的语言

喂食狗粮之前，每次都用固定的词汇进行表扬。这样，狗狗会记住这是"好事发生"的信号，今后只要听到这个信号就会欢欣雀跃的。

（表扬词汇例）
"good""好孩子""天才"等。

喂食

从狗粮袋里取出食物，用手喂食。

→ p.058 取出食物的方法

一边喂食，一边抚摸

喂食的同时，用另一只手抚摸狗狗。可以抚摸胸前和肩膀的位置。从一开始就抚摸头顶，会导致戒备心爆发。

留下"主人一直拿着好吃的"的印象

虽说"喂食"是万能的表扬方式，但如果跟狗狗说"今天没带狗粮"，那可就麻烦了。所以，不要让狗狗分辨出来主人"今天到底拿没拿好吃的"，而是要让它认为"随时随地都有可能得到表扬"。这样一来，就需要主人准备一个食物袋。把食物袋放在身后，别让狗狗意识到袋子的存在，这样才能激发它随时随地努力争取奖励。要是直截了当地喂食，狗狗无法理解是否真正受到了褒奖。而把袋子放在狗狗能看到的地方，那么狗狗的注意力就会从主人身上转移到食物袋那里去。

奖励方法组合

1 赞美词汇+食物+抚摸
（表扬3步骤）

2 赞美词汇+食物

3 食物+抚摸

4 只有食物

5 赞美词汇+抚摸

6 只有赞美词汇

7 只有抚摸

刚开始的时候，建议每次都给点食物。慢慢适应后，可以切换到没有食物的表扬方式。增加这种肢体的接触，能培育出"不给好吃的也能听话"的狗狗。

试试看吧 ➤ 刚开始的时候，
所有的食物都要以表扬的方式来喂食

每天早上，量好当天所需的干狗粮，装进袋子里。然后作为训练的奖励，分小批次喂食。当天的分量在当天应该喂完。不要留给狗狗在饭盆里吃饭的时间，这段时间可以让训练时间=吃饭时间。如果有100粒狗粮，就可以训练100件事情。即使不训练，只喂狗粮，也能增进互信关系。

取出食物的方法

1 必须使用专门的小袋子

用架子和腰带,把小袋子挂在身后。不要挂在身旁,以免被狗狗看到。请避免使用开口有声音的袋子,因为开袋子的声音会让狗狗感到不安。

2 静悄悄地取食

最重要的是,取食物的时候尽量不要发出声音,并且应该把食物直接放在袋子里。要是因为怕弄脏袋子,特意放一个塑料袋,就免不了每次取食时发出奇怪的声音。

拿食物的方法

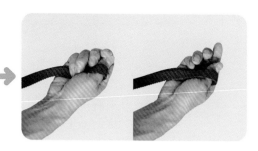

1 放在食指和中指中间

食物放在食指和中指中间,在第1~2指节附近。

2 以接近握拳的手势捏紧食物

用手指包裹住食物。以这样的手势靠近狗狗鼻尖的时候,狗狗虽然能闻到味道,但却不能马上吃到。此时可以用手诱导狗狗做出正确行为。

葫芦漏食玩具的使用方法

1 用手蘸取香肠或狗粮

用手取一点碾碎的香肠或狗粮。

2 放进葫芦漏食玩具里面

用手指把食物涂在葫芦漏食玩具里面。为便于狗狗舔食，不要放得太深。

在狗狗舔食葫芦漏食玩具里的食物时，可以腾出手来完成肢体接触。

狗狗舔食葫芦漏食玩具里的食物时，需要一段时间，主人可以趁机完成梳毛、穿衣服等行动。

➡ **p.105** 借助葫芦漏食玩具擦拭身体

小窍门 ━ 用鱿鱼干或芝士增加干狗粮的香气

如果总是吃同一种食物，免不了狗狗也觉得兴趣索然，导致奖励的魅力下降。这时候，可以选择鱿鱼干或芝士等味道强烈的食物。把这些食材跟狗粮一起放进密封容器里，味道转移过去以后就可以了！这个小方法，适用于注重食品气味的犬种。

提高食欲

*鱿鱼干或芝士是用来散发味道的，不要直接喂给狗狗。

洗手间 问题，相当不容易啊！

洗手间训练的胜败在一开始就决定了

熬过第一周，之后就轻松了

本书介绍的洗手间训练方法，是训练导盲犬学员的方法之一。其实，只要狗狗接受过这种训练，之后几乎不会出现任意排泄的问题。因为需要跟人类磨合，所以最初的阶段绝不会很轻松。但通常狗狗会在3天到1周的时间里学会洗手间规则。所以，请大家从接狗狗回家开始就立即进行训练吧。之后一定能非常省心。如果主人不能一直陪同在狗狗旁边，可以灵活运用宠物尿不湿。

从第一天开始，就逐步确认洗手间训练的计划

第一天，主人带着外出篮去接狗狗，让狗狗进入外出篮以后一起回家。这时候，千万不要忘记确认最后一次排泄的时间。

到家以后，不要马上把狗狗从外出篮里放出来。很多情况下，主人一到家就把狗狗放出来自由活动。但凡狗狗随地排泄一次，就会导致训练失败。从外出篮里放出来的时间，应该与最后一次排泄间隔3小时左右。这个时候，小便积蓄的尿差不多了，我们可以把狗狗转移到铺好了尿垫的区域，利用这个机会训练狗狗如厕。让第一次的尝试成功，是非常重要的。

笼子是可以让狗狗安心的地方

犬类原本就生活在窄小幽暗的巢穴里，所以笼子是最适合用来模拟巢穴感觉的。狗狗在自己的巢穴中排泄，会弄脏自己的身体，所以通常它们不会这么做。在家里区分使用笼子和洗手间的摆放位置，可以让如厕训练更加顺畅。

如厕训练的循环

活动告一段落以后，让小狗回到笼子里

按照每24小时要睡5~6小时的比例来计算，推荐把循环固定为每3小时睡2.5小时、活动0.5小时。活动告一段落后，就让小狗回到笼子里。

开始

小狗睡觉时间很长

2个月的小狗，会用全天5/6的时间来睡觉。即使到了3个月，睡眠时间也会占到4/5左右。睡觉的时候，把狗狗放进笼子里，会让它们更有安全感。

睡觉
@笼子

疲惫

起床

运动
@客厅

排泄
@有围挡的
洗手间

训练
@客厅

做完运动以后返回笼子

如果一天当中要睡到5/6左右的时间，那么每3小时里就有2.5小时在睡觉、0.5小时在活动。以这样的循环规律做参考，超过活动时间以后就要让狗狗回到笼子里休息了。

用投喂食物的方法对如厕训练做出褒奖

在这段从笼子里出来的磨合时间，我们可以一起进行拔河游戏（p.112）、进行社会化（p.70）如厕训练，然后投喂用来表扬正确行为的狗粮。

➜ p.056 成为善于表扬的主人吧！

上次排泄3小时以后，从笼子里抱出来让它排泄

如厕训练基本上是3小时一循环。小便的时间，大概为"月龄＋1小时"来计算，也就是说，2个月小狗的小便间隔为3小时。4月龄时为5小时，5月龄时为6小时，但无论怎样积蓄的小便量都是3小时的分量。

*关于大便，请参考p.67的内容。

设置笼子和洗手间区域

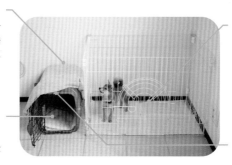

笼子放在栅栏旁边

到了如厕时间，希望打开笼子就可以把狗狗诱导进栅栏里的洗手间区域，所以要相邻设置。

栅栏里面铺满尿垫

最初的时候，栅栏＝洗手间。用尿垫取代尿托盘，铺满栅栏里面。

笼子里不要铺尿垫

尿垫会强化排泄习惯。不要在不希望狗狗排泄的地方用尿垫。

笼子外面罩上布

为了让小狗能安心睡觉，可以罩一块布来遮光。

好孩子

1 到了如厕时间，就把狗狗抱进栅栏里

上次排泄经过3小时后，把狗狗放进栅栏里。如果有尿，会立即排泄。

2 小便后给予奖励

如果狗狗顺利在栅栏里完成排泄，要通过"表扬的3步法则"给予奖励。一边说"好孩子"，一边喂食，最后抚摸身体。

⊕α 让狗狗记住排泄的信号

排泄的时候，要复述"嘘嘘、嘘嘘"等固定的词汇，这样的语言信号会成为今后排泄的信号。外出前如果希望狗狗解决完排泄问题，用这样的信号会很方便。

要点

过了1~2分钟以后，如果狗狗不再小便了，就抱回笼子里

说明此时已经没有小便了，可以重新放回笼子里。过30~60分钟可以再次尝试。

半夜也要起来排泄一次

夜晚也要坚持进行如厕训练。中午的时候间隔3小时进行一次如厕训练，晚上可以在狗狗能忍耐的范围内保持睡眠状态。能忍耐的范围，通常为白天"月龄+1小时"，夜晚"月龄+2小时"。因为毕竟夜晚的外部刺激较少。时间一到，就应该把狗狗叫起来排泄。

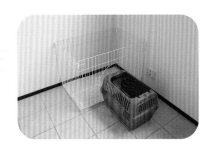

如果无论如何晚上都起不来，可以考虑让狗笼和栅栏连通起来

有一个办法，那就是让栅栏和狗笼的门对接到一起。这样做的效果多少会有所下降，但如果夜晚起不来，或者白天无法在狗狗排泄时赶回家的话，可以考虑这个办法。用绳子把栅栏和狗笼固定在一起，防止脱节，再用瓦楞纸等把缝隙塞紧。

3 在房间里玩耍

小便后，可以让狗狗离开笼子与主人互动。这个时候，可以进行社会化训练（p.70），也可以一起玩玩具（p.108）。

4 再次放回笼子

从笼子出来玩耍30分钟以后，又到了睡眠时间。用食物或玩具把狗狗诱导回笼子里，上面盖上布让它休息。

把食物投喂到笼子里，让狗狗喜欢上笼子

从笼子的缝隙投喂，给狗狗留下"在笼子里会有好事发生"的印象。

➡ p.068 狗笼训练

5 反复进行步骤 **1 ~ 4**

如厕训练　步骤 2

1 用食物诱导

当狗狗可以在栅栏里小便以后，可以教狗狗自己移动到栅栏里去。首先用食物诱导。每次一到排泄时间，就打开狗笼的门，一边让狗狗闻手里食物的味道，一边把狗狗带到栅栏里。

2 用手诱导

反复进行数次食物诱导，让狗狗记得走到栅栏里去的过程。然后不要用食物，但是用握着食物一样的手势诱导狗狗进入栅栏。

如厕训练　步骤 3

慢慢加大狗笼和栅栏的距离

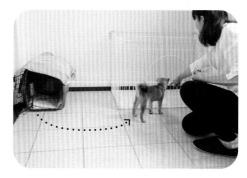

用1周左右的时间完成训练

第一天进行步骤1，第二天进行步骤2。快的话3天，平均1周左右就可以完成步骤3的训练了。之后1个月的时间里，要每天重复进行训练，强化成功体验。如果1个月的时间里都没有在洗手间以外的地方排泄，那就大功告成了。

狗狗学会自行走到栅栏里去以后，可以慢慢拉伸移动距离，让原本相邻的格局略微分开，同样通过食物诱导→手势诱导的方法训练。成功后再拉长距离，反复进行。最终目的是，无论栅栏放在房间的哪个地方，狗狗都能移动过去。

问 可以在栅栏里同时摆放洗手间和小床吗？

答 通常无法完成洗手间训练。

犬类，天生就有离开巢穴排泄的习性。在一个栅栏里同时摆放洗手间和床的方法，会导致巢穴（床）距离排泄地点太近，这原本是有悖天性的做法。所以，如果在既有小床又有洗手间的栅栏里长大，狗狗脱离栅栏限制以后就会常见随地大小便的现象。单独区分排泄地点和巢穴，教会狗狗"排泄的时候要去另一个地方"。

问 如何训练狗狗大便？

答 观察狗狗在家里寻找地点的样子时，及时抱到栅栏里。

通常小便结束之后，狗狗会在自由活动一段时间后产生便意。这是因为活动促进了肠道蠕动。如果您发现狗狗开始四处闻地板的味道，转来转去，肛门一开一合，这就是准备大便的征兆。这时候，可以让狗狗进入栅栏中排便。结束后，同样要给予食物奖励。

问 如果狗狗半夜在笼子里叫怎么办？

答 轻轻叩打笼子，告诉狗狗主人在身边。

把笼子放在床边伸手就能碰到的地方，盖好布。如果狗狗开始叫，就轻叩笼子几下。大多数的情况下，可以让狗狗安静下来，只需1周就能解决问题。夜里叫，是狗狗用来排解不开心情绪（不安、寂寞等）的方法。让它知道身边有人，就会使它安心了。

对讨厌狗笼的狗狗进行狗笼训练

通常，狗狗都会把狭小阴暗的狗笼当成自己的巢穴，安安心心待在里面。但如果此前有过被惩罚、不得不待在笼子里的经历，大概率狗狗会讨厌笼子。如果这样，可以用下面介绍的方法让狗狗习惯笼子。只需1个月，就能让狗狗适应笼子。

让狗狗认识到笼子是一个可以安心的地方，不仅能成功完成如厕训练，还能在自然灾害、出门旅行、主人生病时候起到作用。除此之外，还能预防问题行为。

特别在狗狗小时候，很有可能主人一个转身的工夫小家伙就开始淘气了。为了不让狗狗有淘气体验并形成习惯，主人外出时可以让狗狗待在笼子里。

为了跟狗狗一起生活，狗笼训练是必不可少的

1　把食物放进笼子里，诱导狗狗进入笼子

打开笼子门，在最里面摆放十几粒狗粮，诱导其进入。最初狗狗可能探头进去，吃了就跑。但持续几次以后就会发现，狗狗的后腿也慢慢踏了进去。

2　出来前，陆续喂食

狗狗吃完最里面的狗粮以后，可以分次从笼子入口或侧面缝隙处喂10粒左右狗粮，让狗狗认为在这里"会有好事发生"。逐渐延长投喂狗粮的间隔时间。可以缓慢地在1分钟之内，喂完10粒狗粮。

3 关门，继续喂食

完成 **2** 以后，尝试以关着门的方式进行训练。吃完最后几粒狗粮以后，在狗狗开始骚动之前打开笼门，暂时不要喂食。让狗狗体会一下"笼子门关上才会有好事发生"的状态。继续延长投喂时间，10粒狗粮可以在几分钟内投喂，让狗狗习惯在笼子里等待。

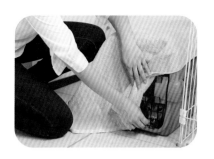

4 用布盖住笼子，陆续喂食

3 完成以后，让狗狗习惯布盖住笼子的状态。在布盖住笼子的状态下喂食，最后在狗粮吃完、狗狗马上就要骚动不安之前打开门，暂时不要喂食。对于狗狗来说，要留下"笼子被盖住会有好事发生"的印象。

5 慢慢延长待在笼子里的时间

习惯 **4** 以后，延长该状态下等待的时间。也要延长投喂10粒狗粮的时间间隔。最后，让狗狗适应"主人不在身边"的状态。投喂1粒狗粮以后走开；返回，再投喂1粒。反复进行。让狗狗能在主人离开以后可以安静地等待。

+ α 让狗狗记得"house"的语言信号

诱导狗狗回笼的时候，要加上"house"的语言信号。以后只要说出这个词，狗狗就能自觉回笼。

无视在笼子里的叫声

在笼子里呜呜叫的时候，绝对不能投喂食物或者打开门。让狗狗懂得"叫也没什么好处"。无视狗狗的叫喊，停下来后再进行下一步训练。如果狗狗叫个不停，可以伸手轻叩笼子。如果离得比较远，可以把什么东西投掷到笼子旁边，给狗狗一个停下来的契机。

什么是 社会化

当然这也是其中之一。

这是跟人亲近的意思吗?

近期的饲养手册里,一定会出现"社会化"这个词。

在照顾狗狗的时候,这些都是必不可少的呀!

习惯"被抱抱",也是社会化的要素之一。

其次,还包含"被人类抚摸"。

人类的世界中,充满了各种各样的刺激。习惯这些刺激,也属于社会化。

汪 汪 汪 汪 嘀嘀

嗖

熙熙 攘攘

也包含门铃的声音。

在见到其他狗狗的时候，不吠叫、不胆怯，这也是社会化的表现。

跟你是一个品种的狗狗啊！

你是？

哈喽！

哈喽！

如果听到门铃声就叫，可以调低门铃的声量。

叮咚

叮咚

那就让它从低程度的刺激开始习惯。

好呀！

我们去下一页看看具体内容吧。

啪嗒

随便什么都能吓一跳。

战战兢兢

怕人

瑟瑟发抖

对于天生就有很强戒备心的狗狗来说，到底应该怎么做才好呢？

社会化=界线

重点是"要在马上触及界线时，让好事发生"

在狗狗没有戒备心的时候，身心状态处于"安全区"；而一旦开始心存恐怖，身心状态会立即切换到"预警区"。您可以通过下图来了解这两种状态的界线。社会化训练的重点是在马上触及界线时，让好事发生。这样，每尝试一次，界线就会提高一点。而我们说的社会化训练的目的，正是通过反复训练拓宽安全领域的范围。

有种说法，认为界线算是狗狗的一种肢体语言。我们可以用喂食的方法来做个简单的判断。如果狗狗见到喂食却并不肯吃，则说明已经进入了预警区，需要降低刺激水平。

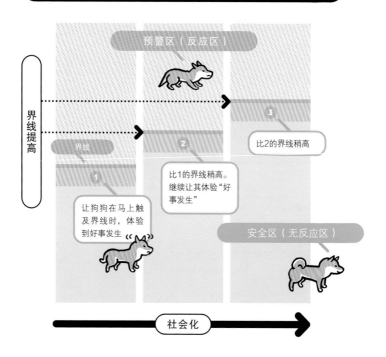

拓宽"安全区"是实现社会化的过程

与教狗狗记住信号相比，社会化训练更加重要

在第4章中，我们介绍了通过"坐坐""等等"等语言信号实现特定动作的训练方法。这些虽然对狗狗的生活作用很大，但与之相比，本章节所介绍的社会化训练更加重要。毕竟，狗狗一被人碰到就要张嘴咬人的话，是没办法接受人类的关照的。

如果适应不了其他狗狗的存在，那么散步的时候就很容易兴奋，或者感到异常的压力；要是习惯不了吸尘器的声音，每次家里大扫除都会成为狗狗的灾难。所以，请优先进行社会化训练吧。第4章的训练，可以安排在社会化训练的后面。

不是一切都来自遗传

总是汪汪叫

汪汪汪

比较喜欢吠叫的遗传基因

汪

偶尔才叫

例如，一只轻易就会叫出声的狗狗，完全可以在接受社会化训练后大幅降低吠叫的次数，变成"偶尔才叫"的狗狗。不要拿犬种和"天生如此"当借口。主人的置之不理，才是问题犬的真正原因。

让狗狗吠叫，就是不合格

进入预警区后，狗狗不仅不吃食，同时常见剧烈地吠叫。这个时候，身体里的肾上腺素大量分泌，界线会一口气下降好几个台阶。要回到原来的状态，需要花费一段时间不说，如果肾上腺素经常大量分泌，还会导致狗狗成为容易激动的体质。所以，不要靠近狗狗感到恐怖的东西，也远离狗狗会戒备的对象，给狗狗一个适应的过程。

训练出不抗拒肢体接触的阿柴

宠物犬的必修科目！成为一只不抗拒肢体接触的阿柴吧

在这里，我们会教授一些方法，来训练允许主人抚摸全身、让张嘴的时候可以张嘴、可以被抱抱的狗狗。如果狗狗适应不了这些事情，今后很难对它进行身体护理，也不能确认身体和皮肤的状态，更没办法在生病的时候喂药吃。你看，这是不是关乎爱犬寿命的重要事情？

这样的社会化训练，需要从接爱犬回家的第一天就开始进行。最好的方法，就是每天进行若干次如厕训练（从笼子里把狗狗抱出来）。

习惯抱抱

1 抱着喂食

把狗狗抱在膝盖上，喂食1粒狗粮，告诉狗狗"抱抱=好事发生"。

2 大拇指深入项圈中

如果狗狗不小心从膝头跌落，就会形成"抱抱=讨厌的事"的印象。把拇指伸进项圈中，防止狗狗跌落。

→ p.097 佩戴项圈的方法

3 通过按摩，让狗狗感觉到舒服

如果肢体接触带来舒服的感觉，那么接触本身就会成为"好事"。可用手指在狗狗的胸前、肩膀、身体等部位轻轻画圈，慢慢抚摸。狗狗会在舒服的按摩下缓慢进入昏昏欲睡的状态。等狗狗适应肢体接触以后，再进一步抚摸屁屁、脚尖、尾巴等身体部位。

把狗粮放进葫芦漏食玩具里，抱起狗狗让它舔食

有些狗狗，就是不会老老实实地让人抱。这种情况下，可以借助葫芦漏食玩具的帮助。把狗狗放在膝头，让它舔食葫芦漏食玩具里的食物，让狗狗体会持续发生的"好事情"。

→ p.059 葫芦漏食玩具的使用方法

抱狗狗的方法·4 个基本姿势

1 膝上，面向侧面

让狗狗以坐姿待在主人膝盖上。主人单手的拇指穿过项圈，另一只手扶住狗狗的身体。这个抱法适用于滴眼药等进行身体护理时。

2 膝上，面向上面

让狗狗的屁屁和尾巴嵌在主人大腿中间。适用于给狗狗的肚子做按摩时。需要从狗狗戒备心较小的幼年时期开始练习。别忘了单手拇指穿进项圈里。

3 横抱

主人的左手伸进狗狗腋下，把狗狗固定在自己的侧面。基本上来说，狗狗应该位于主人左侧。适用于抱着狗狗行走移动时。

稳定的抱法，可以赋予狗狗安全感。

4 双腿间

主人双膝着地，把狗狗控制在膝盖之间。适用于对狗狗进行训练时，控制狗狗的行动。别忘了单手拇指穿进项圈里。

运送小奶狗的方法

双手插进狗狗腋下，保持身体水平

如果不保持身体水平，狗狗难免因为失去重心而焦躁。在如厕训练（p.064）中，主人要特别注意以安稳的方式水平抱起狗狗放进栅栏中。

错误

拉起前腿把狗狗拎起来，会让狗狗感到疼痛

这个姿势会给前腿的大腿造成很大负担，狗狗并不喜欢这样的姿势，而且也很容易造成意外伤害。

注意！ **严禁给腿部造成负担！**

如果狗狗生活在地板容易打滑的环境中，腰腿都会受到很大的负担，有可能因此导致关节疼痛。可以考虑铺设地毯和防滑垫进行预防。

另外，长期生活在栅栏中，会导致狗狗的身体重心长期落在后腿上，也对腰腿造成负担。因此，本书并不推荐在栅栏里饲养狗狗。

→ p.205 膝盖骨脱臼

适应被捏住口鼻的状态

要是狗狗适应不了被捏住口鼻，也不愿因此张开嘴巴，那么今后就没办法给狗狗刷牙或喂药。

1 把食物夹在小手指一侧，或者在小指上涂抹芝士

把食物夹在小手指一侧。如果像2中所述，狗狗叼到食物马上就抽身而退，可以考虑把芝士涂在小指上，让狗狗花费点时间舔食。

2 握圆手掌，喂食狗狗

把手握成圆弧状，接近狗狗。狗狗会伸鼻子过来闻味道。开始的时候，只要让狗狗吃就好了。逐步适应以后，试着轻轻握住狗狗的口鼻部位。

3 在没有食物的状态下握住口鼻

顺利完成2以后，可以在没有食物的状态下握住狗狗的口鼻。握住以后，应该给予食物奖励。

让狗狗习惯主人把手指伸进嘴里

（刷牙练习）

1　在指尖涂抹芝士

食指涂抹犬用芝士或其他香味浓厚的食物。

2　让狗狗舔食芝士

向狗狗伸出食指，让它舔食。

3　把手指伸进嘴巴里

趁狗狗舔食的时候，把手指伸进嘴巴里面（牙齿和面颊之间），接触犬牙和口腔深处的牙齿。

→p.197 刷牙

让狗狗习惯嘴巴被打开

（喂药练习）

1　投喂狗狗

拿1粒狗粮，让狗狗闻气味，并让它舔食。

2　趁狗狗舔食的时候，抓住狗狗的上颌骨

趁狗狗痴迷于舔食的时候，一只手轻轻抓住狗狗的上颌骨。

3　打开嘴巴，把食物放进去

向下推下颌骨，打开狗狗的嘴巴，把它正在舔的食物放进嘴巴里。如果狗狗轻易张嘴的话，可以省略步骤1，从步骤2开始。

成为不惧怕噪声的阿柴

让狗狗习惯日常生活中的各种声音，消除可能导致恐惧的因素

为了在人类社会中生活，狗狗必须要适应家里和户外的各种声音，例如吸尘器的声音。不少狗狗面对震耳欲聋而且转来转去的吸尘器时，要么不停地吠叫，要么逃走避而不见。为了让狗狗适应日常生活环境，必须让它从小一边吃食一边听各种声音，形成"好事发生"的条件反射。如果狗狗能在噪声环境里气定神闲地吃狗粮，那么这种声音就属于安全区。如果狗狗烦躁不安，就需要把声音降到狗狗可以接受的程度，然后慢慢上调，给狗狗适应的过程。

调整刺激的强度

一边发声一边移动的物体，会从视觉和听觉两个维度对狗狗造成刺激。一开始就用这样的物体进行训练，恐怕程度有点牵强。可以在狗狗分别适应后，再把两者结合到一起让狗狗接受。

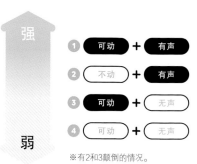

强

1 可动 + 有声
2 不动 + 有声
3 可动 + 无声
4 可动 + 无声

弱

※有2和3颠倒的情况。

瑟瑟发抖

080

咔嚓咔嚓

哔~

适用于所有情况

播放录音

一边让狗狗听录音，一边喂食，然后慢慢调高音量。网络上有专门用于训练狗狗的音频文件。

吹风机

摸一摸

呼呼

基本与吸尘器相同。首先在"不动＋无声"的状态下让狗习惯，然后一边向狗狗吹微风，一边喂食。

吸尘器

首先让狗狗适应"不动＋无声"的状态。关闭吸尘器的电源，在旁边给狗狗喂食。然后，通过反复播放吸尘器的声音，让狗狗习惯声音。

接下来，换成"可动＋无声"的状态。缓慢移动吸尘器，然后在吸尘器旁边用手喂食。

汽车或摩托

吧唧吧唧

嗡嗡~

趁狗狗专心吃饭，在距离稍远一点的地方接通吸尘器的电源，发出声音。如果狗狗无动于衷，可以试着慢慢接近它。最后，在吸尘器一边响一边动的时候给狗狗喂食。喂食距离应该从远到近。

一边让狗狗看汽车或摩托，然后喂食。开始时车辆处于停止状态，然后缓慢移动。如果狗狗拒绝进食，要及时拉开狗狗和车辆的距离。

让阿柴适应各种各样的人

让各种各样的人给狗狗喂食

理想状态下，可以带狗狗去任何地方，共享生活里所有愉快的事情。但毕竟，我们身边有很多陌生人。如果狗狗不能适应主人以外的人类，那么不仅没办法出门旅行，恐怕散步都是件头疼的事情。我们并非要培养出超级黏人的狗狗，但至少不能在见到外人时情绪激动，只要能坦然面对就好。

让所有到访家里的客人都给狗狗喂食吧。在外面的时候，如果遇到爱狗人士，也可以邀请他们给自己的狗狗喂食。带着"真可爱啊"的声音，面对狗狗露出笑脸的人，都可能会帮这个忙。您可以试着询问："可以给我家狗狗喂点狗粮吗？"学生、大叔、婆婆、长胡子的人、戴帽子的人等，无论男女老少，都可以尝试拜托对方来帮自家狗狗完成社会化训练。

在完成疫苗注射之前，小奶狗还不能在室外下地玩耍，所以可以邀请亲朋好友到自己家里来做客。另外，注射疫苗之前，主人完全可以抱着狗狗出门看风景。最重要的是，不要错过社会化训练的时机，培养出能够接受不同人类的狗狗。

→p.094 散步之前必须要做到万事俱备

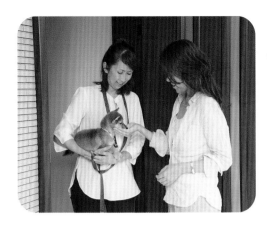

适应方法

让访客喂食

在玄关的地方，拜托临时到访的客人给狗狗喂食。把狗狗的零食袋系在身上，以便随时取出零食交给对方。

适应方法

在户外拜托陌生人喂食

把零食委托给散步途中遇到的人，拜托对方喂给狗狗。如果狗狗学习到陌生人也会给自己带来"好事情"，以后就不会觉得"人类可怕"。

散步的时候也要随身携带零食哦！

给胆怯的狗狗喂食的方法

有的狗狗，对于"四目相接"的状态尤为恐惧。如果遇到这样的情况，可以避免陌生人与狗狗正面对视。让陌生人站在稍微拉开距离的地方，与主人保持平行。主人先给狗狗喂食，如果狗狗能心平气和地吃下狗粮，则陌生人可以靠近一步。直到狗狗已经可以接受陌生人站在身边时，就可以尝试让对方投喂狗狗了。

希望它也能跟其他阿柴和平相处

步骤1

只要在看到其他狗狗的时候有"好事发生",就能逐渐习惯!

在看到其他狗狗的时候喂食

外出散步时,一定会遇到其他狗狗。在遇到其他狗狗的时候喂食,能帮助狗狗习惯与陌生狗狗相遇的情景。无论对方狗狗是在地面上散步,还是被抱在怀里,都可以进行这种联系。爱犬如果恐惧,就不会吃食。只要狗狗能吃食,就可以尝试缩短与对方的距离。

尽早创造与其他狗狗相遇的机会！

虽然自己就是狗狗，但却对其他同类心存恐惧。这种问题背后最大的原因，就是出生后马上离开妈妈和兄弟姐妹，被强制断奶后送到了市场上。也就是说，在小小的年纪时并没有与其他同类接触的机会。

因此，需要尽早创造与其他狗狗相遇的机会，帮助小奶狗完成社会化训练。即使早在只能抱在怀里外出的年纪，也需要让它们亲眼看到其他同类的存在。例如参加派对（p.87），或邀请近邻的狗狗一起在室内或庭院里玩耍。但这个过程中，并非完全放任狗狗自行玩耍，而是需要主人陪在旁边进行诱导和守护。只要遭遇一次被其他狗狗恐吓的事情，就会增加小狗对其他同类的恐惧。

※ 寻找绝不会有机动车忽然冲出来的地方，安全地进行训练。
※ 在狗狗可以完成"过来"（p.140）训练后再进行社会化训练。

步骤2

1 各自牵引住自家爱犬

主人把自家爱犬控制在双腿中间，等待狗狗冷静下来。

→ p.076 双腿间

2 狗狗自行玩耍

两只狗狗都冷静下来以后，可以放开它们自行玩耍。

3 呼唤狗狗

狗狗开始兴奋以后，主人需要叫回狗狗，适当喂食。如果叫不回来，应该缩短牵引绳，让狗狗看看自己握着零食的手，然后缓慢地把爱犬从对方狗狗身边拉回来。

4 重复1~3

在进行爱犬社会化训练的同时，让其领悟到"就算再玩儿，回到主人身边也会有好事发生"，以及"吃了东西还能继续玩"。

习惯穿衣服以后才能安心

让狗狗习惯穿衣服

1 把衣服放在后背上

考虑到今后可能会发生的手术、受伤等情况，需要让狗狗习惯穿衣服。首先，从让爱犬适应衣服的存在开始。一边喂食，一边把衣服放在爱犬后背上。

2 从领口另一端喂食，进行诱导

从领口的另一端喂食，让狗狗在舔食的过程中，自然而然地从领口钻出来。

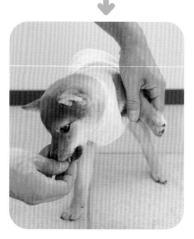

3 穿袖子

手伸进袖口，一只一只地把小脚拽出来。两只脚都穿好以后，再次喂食。

参加训练课程以便培养社会化

在很多训练教室或宠物医院，都面向小奶狗开设了专门的课程。这是为了培养狗狗适应更多的事物，预防问题行为的发生。特别是年纪小的狗狗，可以通过这样的训练使其受益良多，而且会对今后的生活产生深远而积极的影响。

正因如此，我们更应该选择真正具备知识和经验的训练师来学习。让我们来看看优质教室的特点吧。

1 以小组授课为基础
➡ 单独授课无法形成真正的社会化

2 由专业训练师和宠物师授课
➡ 只有专业训练师或宠物教导员才有资格对宠物犬进行训练。注意，宠物犬无须由工作犬训练师来培养。虽然也有通过函授课程取得资格证书的训练师，但毕竟通过公益社团法人认定的训练师才能更放心。

3 是否采用增加狗狗自发进行目光接触的训练方法
➡ 如p.42所述，人犬共生的幸福生活里，目光接触是非常重要的环节。

确认以上事宜后，可以亲临训练场地参观。

接种第二针疫苗的2周以后，就可以参加大多数的专业训练，无须等到疫苗周期全部结束。

训练教室也会不定期召开派对。届时，将有很多主人带领自家的小奶狗到场。推荐利用这样的派对进行社会化训练。但如果追求完善的训练效果，还是建议定期前往专业训练教室。

我 不！我 不！
阿 柴 大 集 合！

散步时忽然停滞不前的"我不、我不"阿柴们。
虽说独立有主见是阿柴的魅力之一，但差不多也走两步呀！要是没点坚韧不拔
的意志，还真的没办法做阿柴的主人。

我 不

◆ ◆散步中忽然停下来的NANAKO，怎么拉绳
子都纹丝不动。 没想到忽降大雨， 主人和
NANAKO都淋了个透心凉。走，还是不走，完
全凭心情的NANAKO酱。

我 不

我 不

◆被牵引绳拉到面部变形也
一动不动的贝利。这，可以
说是每天的例行公事。

前脚

开纱门什么的，简单！

TETSU的前脚很灵活。

说到TETSU，它的"我不、我不"是这样的！

这样一直态度明确的狗狗，真让人不可思议啊！

我不
我不

↑不知道是不是不想去海边，白柴大福在沙滩上发动了抗议行动。抗拒的动作在沙滩上留下了形象的印迹。

我动不了！

↑像小青蛙一样完全趴在地面上的黑柴MON。仔细看看，眼睛倒是稳稳地盯着前方。

真是感受到了不屈不挠的精神世界啊！

🔻🔻侧卧在地面上的AZUKI，石阶和下巴简直完美契合。在这里就要放松了吗？我们回家吧！

我不

我说不就不

🔻这里是拒绝下车的贝利。虽然自己能上车下车，但一定要等主人来抱抱的小公主。

好远……

🔺越睡越远的白柴MUKU，伸缩牵引绳已经拉到了尽头，然而仍气定神闲。我说，你要在这里躺到什么时候啊？

我不——！

③

主 人 的 日 常

散 步 和 游 戏

随心所欲的阿柴还远远达不到 理想

散步的程度

散步之前必须要做到万事俱备

为了让狗狗适应室外环境，千万不可错过社会化期

在完成了疫苗注射后，才可以让狗狗在地上自由地奔跑。因为直到这个时候，狗狗身体里才具备了预防传染病的免疫力。可是这个时候，最适合让狗狗去适应新事物的社会化期已经结束了。为了让狗狗适应室外环境，千万不可错过社会化期。在接小奶狗回家的几天至1周，如果小奶狗可以完全适应家里的环境，那么接下来就应该让狗狗去室外接受新的刺激了。例如，让狗狗在窗户或玄关的位置向室外张望、抱着小狗到外面散步等，这些都是帮助其适应室外环境的社会化步骤。

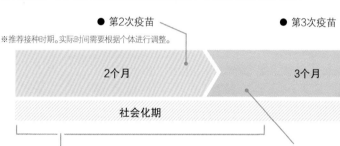

抱到室外或者放在宠物车里推出去散步，目的在于使其适应室外环境。

第2次疫苗的2周后，可以把狗狗放在干净的地面上。

刚开始的时候，抱到外面看看室外环境就好，不要把狗狗放在地上。

➜ p.100 首先把小奶狗夹在身侧开始散步

这个时候已经形成了一定的免疫力。干净的地面上没有其他狗狗的排泄物等东西，不需要担心传染病。

➜ p.102 接下来，放在地面上让它行走

危险！ **不要常用伸缩牵引绳**

在外散步的时候，需要随时保证特殊情况下能把狗狗控制在自己身边（p.99）。虽然伸缩牵引绳也有最大长度限制，但常见紧急时刻无法锁定距离导致意外发生的情况。如果因为伸缩牵引绳导致路人跌倒，会引发赔偿纠纷。

4个月   5个月

第3次疫苗的2周后，就可以到外面散步了！

疫苗流程结束！让狗狗到地面上来散步吧。从短时间散步开始，逐渐延长时间。

习惯散步以后

在每天的散步过程中进行训练

可以在散步中进行第4章所述的训练。训练随时随地都可以进行，这样才能在紧急时刻发挥作用。

→ p.134 不开心就没办法训练！

散步的第一个环节是需要阿柴适应颈圈

就算一开始不喜欢项圈，30分钟以后也会好起来

散步时一定要佩戴项圈，拉好牵引绳。首先在室内，让狗狗适应项圈。有些狗狗一开始会反感项圈，试图挣脱，但大多数都能在30分钟内适应。为了安全起见，不要让狗狗离开自己的视线。如果项圈太松，狗狗可能会自己用前爪把项圈扯下来，所以一定要调整好松紧。拉着牵引绳散步、一起游戏，狗狗也会顺势习惯牵引绳的感受。

佩戴项圈的方法

一边给食一边佩戴项圈

一个人喂食，另一个人趁着狗狗舔食的时候戴项圈。如果单人操作，可以灵活运用葫芦漏食玩具。

➜ p.059 葫芦漏食玩具的使用方法

项圈的长度建议

✓ 不能拉下来

项圈过于松缓则无法在紧急时刻保证安全。从后部向前拉扯，确认松紧程度。

✓ 伸入拇指

项圈也不要太紧，必须留出能伸进1根手指的间隙。

让狗狗适应被抓住项圈的感觉

拉着项圈喂食

为了确保爱犬的安全，在很多情况下都要拉紧项圈。让狗狗习惯项圈被拉住时能吃到食物，领悟到会有"好事发生"。如果狗狗非常厌恶手指拉住项圈的感觉，可以先喂食，再拉项圈。适应以后，再考虑一边喂食一边拉项圈→拉住项圈再喂食，循序渐进。

习惯项圈和牵引绳的方法

用牵引绳拉住项圈，一边玩耍一边训练

去户外散步之前，要在室内让狗狗适应牵引绳拉住项圈的状态。通过拉着狗狗在室内散步，或者带着牵引绳一起做游戏等方法，使狗狗逐步适应。

→p.112 拔河游戏

在各种质地上面行走

利用"磁铁游戏"让狗狗往前走

屋外的地面质地不同，质感也各不相同。应该让狗狗适应台阶、人工草坪、金属网等各种地面。用食物诱导，进行"磁铁游戏"，然后让狗狗在各种质地上面行走。可以把食物撒在各种地面上，让狗狗走过。

→p.136 磁铁游戏

狗狗光脚走路，对不同质感的地面非常敏感。

如果总是在走完这段路以后喂食，有些狗狗会急于通过，应该在狗狗行走过程中喂食。也不要用牵引绳勉强拉扯。

拎牵引绳的方法

在外散步的时候，
存在狗狗捡食或飞奔出去导致事故的风险。
为了避免这种风险，必须要拎好牵引绳。

把牵引绳套在右手拇指上

这个状态下，要保持一定的牵引绳长度。既可以方便伸手从背后的零食袋里取零食，又便于托起狗狗下巴完成眼神接触的示意（p.137）。

打结后握在左手

在牵引绳上，取肘关节垂直时牵引绳绷紧的长度，打一个结（左图），作为握住的位置。这个结，叫作"保险扣"。

你知道吗？

要让狗狗在主人的左侧

让狗狗位于主人的左侧的习惯，来自从前饲养猎犬和军犬的时代。现在宠物犬也应该同样遵从这个习惯。这个习惯确定以后，即使主人和狗狗的路线重叠，狗狗也会自然而然地避让开，以防止绊倒（p.145）。

90°

肘关节垂直是牵引绳绷紧的长度

弯曲左肘，左手握住牵引绳正好绷紧的位置。左臂放下时，牵引绳如上图所示呈松缓状态，这时候狗狗也可以放松。

首先把小奶狗夹在身侧开始散步

步骤1

从家里向外看

横着抱起狗狗（p.076），从窗户或玄关向外看，狗狗会关注行人、自行车、机动车等移动物体，此时要投喂食物哦。

对小奶狗来说，每一个都是初见的事物。为了不让狗狗感到害怕，就一定要忍着完成社会化训练。

一边让狗狗看着外面的事物，一边喂食

家里只有家人，但外面的世界可截然不同。有路人、散步的狗狗、小鸟、行驶的车辆等超多刺激源。要让狗狗完成社会化训练，适应大千世界的万事万物。

与静止不动的邮筒相比，移动的自行车带来的刺激更强烈一些。刚开始的时候，可以让狗狗与外界保持一定的距离，然后一边看一边喂食。观察狗狗的状态，然后缓慢缩短狗狗和外界之间的距离。靠近静物的时候，用手轻轻叩打，发出声音。如果狗狗能注意到这个物体的存在，就给予食物奖励，慢慢地消灭狗狗对外面世界中未见过的东西的恐怖吧！

要点

防止狗狗跌落，把项圈或牵引绳挂在手上

不小心把狗狗掉到地上，那种恐怖的感受会让狗狗的社会化急速后退。喂食的时候，右手虽然离开狗狗，但可以用左手手指钩住项圈和牵引绳以防万一。

人也有各自恐惧的东西吧！

抱着狗狗在室外散步

疫苗全部注射完成之前，不要让小奶狗下地玩，以防感染传染病。可以横着抱住狗狗（p.076），或者装到篮子里到外面散步。从家旁边到附近路口，再到夜市，逐步提高刺激强度。让狗狗一边吃狗粮，一边接受更广阔的世界。

各种刺激

各种刺激

混杂的人群

他人、其他狗狗

在静止不动的邮箱或自动贩卖机上叩出声音，等狗狗意识到物体存在后喂食。一边摇动秋千一边喂食，让狗狗知道这不是可怕的东西。

带狗狗前往市区，听听喧闹的音乐和大的叫卖声，强化刺激程度。在进阶到这个程度之前，先要确定狗狗已经可以适应安静的街区。可以在门店前偶尔停下来，在喧闹的环境中喂食。

可以让偶遇的路人给狗狗喂食。如果散步路上遇到其他狗狗，可以一边做介绍一边喂食。

➡ p.082 让阿柴适应各种各样的人

➡ p.084 希望它能跟其他阿柴和平相处

接下来，放在地面上让它行走

日常散步是释放能量和压力的手段

在第2针疫苗注射2周后，小奶狗的免疫力有了初步提升，可以让狗狗在干净的室外区域自由玩耍了。在完成第3针2周后，狗狗自身已经具备了充分的免疫力，可以自己在地面行走了。

散步最大的好处在于可以释放能量和压力。人类的小朋友也需要通过体力活动消耗精力，与这是一样的道理。所以，越是精力旺盛的小奶狗，越需要更长的散步和游戏时间。如果没有释放的渠道，难免狗狗会出现问题行为。

每一天的散步时间虽然没有固定要求，但考虑到主人的锻炼，建议走满1万步。这大概相当于6公里或1.5小时的路程。当然，我们可以根据实际情况酌情调整，特别是在身体不适时，完全可以在室内玩耍。

但无论在室内的游戏多么精彩，也还是得不到室外那种"社会化"刺激。变换的风景和瞬息万变的街道味道，迎面吹来的风，都将成为刺激脑部活动的因素。所以，即使到了狗狗高龄期，也还是要尽量保持每天散步的习惯。

好开心啊！

完成第2针疫苗2周后

在清洁场地的地面上玩耍

把狗狗抱到室外，逐步强化社会化进程（p.101）。只要有干净清洁的场所，就可以偶尔让狗狗下地玩耍，这是为了让狗狗习惯室外地面的触感。狗狗下地以后，投喂零食，但务必要躲开电线杆、草堆等可能有其他狗狗排泄物的地方。排水井盖、石台、砖头等物的触感不同，可以选择这样的场地一起玩"磁铁游戏"。

→ p.136 磁铁游戏

让狗狗适应各种不同的触感

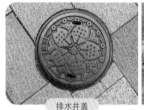

排水井盖

石台

砖头

完成第3针疫苗2周后

在各种场所行走

完成第3针疫苗后，再过2周，疫苗程序基本结束，终于可以在牵引绳的引导下自行散步了。一下子长距离行走，恐会伤害脚底肉球，建议从每日10分钟开始尝试，然后慢慢延长。如果狗狗紧张，不愿意行走，万万不可勉强拖拉。抱起狗狗，一边走，一边等待狗狗适应环境吧。

在回家擦干净之前，都属于散步的过程

让狗狗习惯毛巾或湿巾

1 一边让狗狗看小毛巾，一边喂食

需要让狗狗习惯散步之后的擦脚环节。有的狗狗可能会因为抖来抖去的毛巾或湿巾而感到兴奋，所以记得把毛巾折成小块，捏在左手里。让狗狗看了毛巾以后，要记得用右手喂食。

2 慢慢打开毛巾，喂食

慢慢打开叠好的毛巾。与1相同，一边给它看毛巾，一边喂食。

3 一边喂食，一边把毛巾放到狗狗背上

趁狗狗吃食的时候，把毛巾放在狗狗背上。如果狗狗看起来没反应，可以试着慢慢移动毛巾擦拭。

快放我进去。

借助葫芦漏食玩具擦拭身体

把葫芦漏食玩具卡在栅栏上

把填满了食物的葫芦漏食玩具卡在栅栏上，高度与狗狗的鼻子水平。趁狗狗舔食的时候擦脚、擦身体。适用于擦后脚或刷毛的时候。

夹在膝间

把填满了食物的葫芦漏食玩具夹在膝间，趁狗狗舔食的时候擦身体。也可以借狗狗面对主人的机会擦眼屎和前脚。

头疼啊！

如果一擦脚狗狗就生气，则可以考虑让狗狗从毛巾上走过去

如果还没来得及进行社会化训练就已经过了社会化阶段，可能会出现在擦脚时真的张嘴咬主人的问题。对于这种狗狗，可以暂停擦脚环节。散步回来后，让狗狗从喷了杀菌剂的毛巾上踏两步，或者让狗狗从盛了稀释消毒剂的托盘上走过去，然后再进家门。不要着急，让狗狗慢慢习惯擦脚。

➡ p.074 训练出不抗拒肢体接触的阿柴

用脚踩住

把填满了食物的葫芦漏食玩具固定在脚下，趁狗狗舔食的时候擦后脚和后背。

小小一个葫芦漏食玩具，就能让擦身擦脚变得超简单！

➡ p.059 葫芦漏食玩具的使用方法

了解散步时的"公共场所常识"

严禁狗狗的排泄物污染公共场所

"散步 ≠ 排泄时间"。正常来说，应该在出门散步前解决排泄问题，然后散步时杜绝排泄行为。如果狗狗从一开始领悟到"散步 ＝ 排泄时间"，那高龄尿频时就不得不频繁外出解决排便，这会造成主人的困扰。所以，建议从一开始就教会狗狗在室内排便。

即使喜欢占地盘的狗狗在室外排便，也请务必避开他人住所及店铺门前，而且一定要及时打扫排泄物。

让狗狗知道，可以有不喜欢的人

散步途中，如果遇到了对狗狗友好的人，可以拜托对方帮忙投喂食物，以增进社会化进度（p.082）。但别忘了，世界上不是所有的人都喜欢狗狗。有的人在狗狗靠近时就会觉得异常恐惧，还有人天生就对动物过敏。所以，绝对不要让狗狗养成扑人的习惯。为避免狗狗把别人扑到，应该尽早进行训练。另外，跟陌生人狭道相逢的时候，最好主人隔在陌生人和自家狗狗中间，以免发生意外。

→ p.162 扑人

不要把狗狗拴在店外

把狗狗拴在店外，然后自行进入室内购物的行为是错误的。因为这将对其他进出的客人造成困扰，也可能导致狗狗被坏人偷走……至少从狗狗自身的安全着想，不要把狗狗独自拴在店外。

散步指导

散步时携带的物品

腾空双手，携带斜背包或腰包。

✓ **便便袋**
✓ **湿巾**

打扫便便是主人的职责，不要忘了把便便带回家。

✓ **除味剂**

用于去除便便的味道。

✓ **水**

用于冲洗小便、给狗狗喝等。

✓ **干狗粮**

用于户外的社会化训练。

✓ **食品袋**

为便于随时取出食物，建议佩戴在腰间。

→ **p.058** 取出食物的方法

握紧牵引绳

为了狗狗的安全，避免给路人带来困扰，一定要握紧牵引绳。不要在马路上使用超长牵引绳和伸缩牵引绳。

→ **p.099** 拎牵引绳的方法

把名签和狂犬病疫苗注射证明系在项圈上

一旦狗狗迷路，可以通过名签上的号码寻找到主人。

冲洗小便

尽量让狗狗在路边的排水沟附近排尿，结束后用水冲洗。

带便便回家

用纸巾捡起便便，放进便便袋。也可以用卫生纸或报纸接住便便。

游戏的时候也是有 窍门 的

掌握兴奋和冷静的尺度

即将越界时要让它快速冷静下来

与散步相同，游戏也是消耗精力的渠道。同样，通过游戏也可以增进主人和狗狗的感情。虽说如此，也常见玩着玩着就被自家狗狗咬伤的事情。

为了避免这个问题，我们需要在兴奋过度之前让狗狗冷静下来。兴奋到一定程度、超越了某种界限以后，很有可能激发出"原始兽性"，那恐怕就很难再平静下来了。我们应该在即将超越一定程度时，诱导其放下玩具，暂停游戏。中断的信号，包含低吼、叼着玩具用力撕扯、用力摆头等。等到狗狗冷静下来，可以继续游戏，然后根据累计时间计算体力消耗量（p.109图表）。

如果主人可以把握好狗狗兴奋的尺度，狗狗就能迅速地恢复到镇定状态。另外，放下玩具冷静一下，再重新开始的过程，能给狗狗留下"就算放下玩具，也还能愉快玩耍"的印象，因此减弱对物品的执念。除此之外，还可以进行"给我"（p.113）训练。当狗狗叼起危险物品的时候，这个动作会发挥很大作用。

游戏心得

心得 1

**开始的时候
戴着牵引绳**

如果不佩戴牵引绳，会出现狗狗在前面跑、主人在后面追的局面。这样一来，狗狗会以为"游戏=追逐"，出现叼着玩具从主人身边越跑越远的问题。

玩腻了

心得 2

游戏适可而止

每次都在还有那么一点点劲头的时候结束游戏，可以保证下次游戏的热情。如果狗狗一次性玩到腻烦，难免下次产生"没什么意思"的情绪。

心得 3

**不用小玩具的时候
要收好**

平时把小玩具收好，只有游戏的时候才取出来。如果随意扔在家里，狗狗可以想玩就玩，就会产生"主人不在家我也能自娱自乐"的心理。建议培养"主人不在家就不能玩到大爱的玩具"的心态。

拔河游戏（给我）

为了满足狗狗啃咬的欲求，可以采用最基本的游戏类型——拔河。
另外，利用这个机会教会"给我"的动作，今后一定能在各种场合发挥作用。

1 让狗狗关注玩具

狗狗坐下、平静下来以后，方可
开始。

2 移动玩具，
带动狗狗玩耍

说出"开始"的语言信号，然后
移动玩具。狗狗咬到玩具以后，再
稍做拉扯。在这个环节，可以做一
些忽然停止，或者把玩具藏到身后
的小功夫。

步骤1

3 如果狗狗兴奋起来，
需要让它重新恢复冷静

低吼、用力拉扯、左右用力甩头等，都
属于狗狗兴奋的信号。要让它冷静下来。
从小袋子里取出零食，用手掌握住，然
后让狗狗凑过来闻。

4 用食物交换食物

狗狗想吃食物，就会松口用玩具交换食
物。确认到狗狗不会飞奔过来抢玩具、
处于平静状态以后，方可重新开始游戏。
重复 **1**～**4**，在狗狗厌烦之前结束游戏。

给我

教会狗狗语言信号

在步骤1的重复中，狗狗可以学会痛快地放开玩具。接下来，在狗狗凑过来闻手里的食物之前，加上"给我"的词汇。反复进行，狗狗会在听到"给我"的词汇以后，做出放下玩具的自然反应。

多玩一会吧！

记得"给我"的词汇后，还能进一步教会狗狗去把扔出去的玩具捡回来。

在独自看家时发挥大作用

自己玩耍用的玩具

不倒翁

可以像不倒翁一样起来倒下的玩具。狗狗能一边转动，一边从里面取出食物吃。

益智玩具

巧妙地改变角度，转到合适的位置以后狗粮就会流出来。寓教于乐，狗狗要一边动脑想怎么让食物出来，一边乐享其中。

葫芦漏食玩具

用坚韧的天然橡胶制成，中间可以填充食物。一边咬，一边舔食里面的食物，妙趣横生。

→ **p.059** 葫芦漏食玩具的使用方法

与阿柴的 愉快 外出时光

外出

偶尔，会想带着阿柴出远门。

到宽阔的狗狗乐园，一起奔跑吧！

去咖啡厅。

点什么好呀？

兴奋不已！

LUNCH

狗狗菜单

提前准备充分。

TETSU容易晕车，每小时都停下来休息一次吧。

呼哧

呼哧

MAP

那我们早点出发。

带着GON和TETSU一起到外面过夜。那时候的BBQ可真是不错啊。

稍等一下哦。

114

为了狗狗们能安心睡觉，特意带了日常使用的床具。

呼

随身携带日常食用的狗粮和餐具。

如果随地大小便，可以及时打扫的工具。

零食

分装的狗粮。

抹布

除臭喷雾。

尿垫

301

302

汪

汪

汪

细心照看狗狗，预防逃走或跟其他狗狗打架。

虽然有点烦琐，但也乐在其中！

孤单寂寞

如果担心把狗狗单独留在房间里，狗狗会吠叫不停的话。

在留宿的餐厅里就餐。

主人就是需要这样的觉悟哦！
叫外卖在房间里面吃。

习惯坐车兜风以后就能出远门了

让狗狗习惯兜风的方法

1 习惯声音

习惯声音的方法如p.080所示。让狗狗反复听汽车引擎声音和行驶声音的录音回放。

→ p.080 成为不惧怕噪声的阿柴

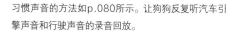

2 不发动汽车，只在车里进行狗笼训练

狗狗钻进笼子里，放在车上。按照p.068的要领进行狗笼训练。

→ p.068 狗笼训练

滴滴滴

3 发动引擎，在车里进行狗笼训练

狗狗可以在2的状态下安静等待以后，在汽车静止的状态下发动引擎，然后同样进行狗笼训练。

突突突

4 发动汽车

狗狗可以在3的状态下安静等待以后，缓慢行驶一段距离。从短距离开始尝试，慢慢增加。如果行驶30分钟都没晕车，就基本不用担心了。

兜风的注意事项

不要直接坐在座位上

除掉狗笼直接坐在座位上，或者坐在人的膝盖上，同样都是危险驾驶的行为，而且会因此受到"危险驾驶"的处罚。严重的情况下，紧急刹车会导致狗狗死亡。请务必让狗狗进笼，并系好安全带。

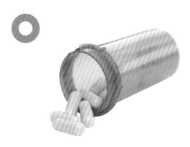

防止晕车

晕车犬要在乘车之前服药，尽量不要让狗狗体会到晕车的感觉。如果反复呕吐，最后会讨厌坐车的行为。另外，就算小时候晕车，长大以后也会好转很多。

你知道吗？

有些租用汽车和出租车是禁止带宠物兜风的

有些租车公司禁止宠物同行。请在预约的时候，确认是否可以携带狗狗同行。虽然出租车没有明令禁止宠物乘车，但上车前请询问司机的意见。

一个人留在车里

夏季车内如果没有开空调，只需15分钟就能达到致命高温。但春秋季节也绝不能疏忽大意。

车内易中暑，请大家格外注意！

海

沿着海岸线奔跑！汪！

多姿多彩的户外活动

养狗的妙处之一，在于可以和狗狗一起享受户外运动！

一起到宽广的大自然里去，一边欣赏爱犬的身姿，一边享受生活吧。

最近很多民宿可以接待携带爱犬的客人入住。

让你家的阿柴也走进广阔天地吧！

※伸缩牵引绳可能存在影响周围游客、狗狗捡食的风险，使用时需要注意。

玩水什么的最开心了！

小溪

山

好高啊！

田野

大爱飞碟游戏!

稍息

全体集合!

船

有点儿那个!

适应了"过来"的命令以后，就可以去狗狗乐园玩儿了！

推荐前往可以包场的狗狗乐园

可以放开牵引绳自由奔跑的狗狗乐园，简直是城市之中的宝地。但如果与不相识的狗狗一起玩耍，难免发生不愉快的事情。一些在宠物管理方面比较完善的国家，会在确认狗狗确实能服从主人呼唤"过来"以后，才允许其进入狗狗乐园。但日本目前并没有相关制度。也就是说，并不能充分防止狗狗之间互相争斗撕咬的问题。所以至少，要让自家狗狗学会"过来"（→p.140）才能稍微安心。

为避免这样的风险，找一家可以包场的狗狗乐园是个不错的解决方案。虽然费用较高，但如果只包场一个小时还是可以接受的。也可以找几个兴趣相投的狗狗一起相约包场。

刻意安排性格不合的狗狗相处，不是明智的选择

有些主人，为了帮助自家狗狗克服"狗际关系"问题，刻意安排它到狗狗乐园跟不喜欢的狗狗相处。可这样一来，不愉快的经历只能让狗狗更加厌烦狗狗乐园的活动。适应其他狗狗的"社会化"训练，必须要在主人可控的范围内进行。这是一条必须恪守的原则。

您可能觉得不可思议，但生活在人类家庭中的宠物犬，并非必须要跟其他狗狗保持良好的"狗际关系"。我们说需要对狗狗进行社会化训练，那是为了缓解在路上遇到陌生狗狗时产生的恐惧和精神压力。如果有机会跟主人充分互动，就算不能与其他狗狗玩耍也能拥有幸福的狗生。让我们抛弃那种"一定要让狗狗们关系和谐，共同玩耍"的念头吧！

→ p. 084 希望它也能跟其他阿柴和平相处

狗狗乐园的注意事项

☑ 发情期或罹患传染病期间不要前往狗狗乐园

如果身边出现正处于发情中的雌犬，雄犬会兴奋不已。雄犬之间相互争斗不说，还很有可能出现与陌生狗交配导致怀孕的情况。从发情出血开始，其后4周的时间都不应前往狗狗乐园。另外，如果带着正在罹患传染病的狗狗前往"狗数众多"的地方，会让疾病蔓延。还是等到完全康复以后再出去玩儿吧。

☑ 入场前完成排泄

入场后不得在乐园内排泄。即使在场内出现排泄行为，也请尽快打扫干净。

☑ 不能让爱犬离开自己的视线

为避免狗狗相互争斗，请不要携带玩具入场。有些乐园会限定可以入场的玩具类型。

☑ 遵守进食规则

几乎所有的狗狗乐园都禁止携带食物进场，这是为了防止狗狗之间抢食的行为发生。当然，也绝对禁止主人在场内饮食。

☑ 遵守玩具规则

为避免狗狗互相争夺玩具，有些狗狗乐园禁止携带宠物玩具入场。有的狗狗乐园虽然可以携带玩具，但会严格固定玩具种类。

想去狗狗咖啡店

能否拥有愉快的咖啡时光，取决于能否完成爱犬的训练

最近，新开了很多能跟爱犬一起前往的狗狗咖啡店。就连普通的咖啡店，也增加了很多允许狗狗停留的席位。散步的途中、远行的休息，都可以选择这样的店铺跟爱犬共进午餐。想想就开心。狗狗们聚在一起其乐融融的场景，真的特别治愈。

但毕竟这里人多，狗也多，请确保爱犬已完成社会化训练、可以在门店中安静等待以后再去尝试吧。一旦发生狗狗骚动不安的情况，请务必尽快带狗狗离开。

教养尤为重要。如果爱犬有占地盘的习惯，可以考虑给狗狗穿好素养带（Manner belt）；如果存在毛发四下飘散，可以考虑给狗狗穿小衣服。在利用公共服务的时候，一定要考虑店家和其他顾客的感受。

上　有很多咖啡店不仅准备了客人用餐的菜单，同时备有狗狗菜单。

下　如果餐桌之间的间隔足够宽，会有更加良好的用餐体验。可以让狗狗习惯这样的场所。

咖啡店素养

☑ 不要让爱犬离开视线

爱犬有可能对路人或邻桌客人造成困扰，所以千万不要沉迷于聊天或看手机，而忽略爱犬的行动。

☑ 穿上小衣服防止毛发掉落

脱毛期可以穿上小衣服，以防止毛发大量掉落。如果狗狗有占地盘的习惯，可以提前穿好素养带。

→p.086 习惯穿衣服以后才能安心

☑ 将牵引绳挂在专用钩上或握在手里

如果店内有专用钩，可以把牵引绳挂在上面。如果没有，可以缩短牵引绳，拉在手里。

☑ 狗狗菜单和餐具要放在地面上

大多数店铺规定狗狗餐具只能摆放在地面上。而且也有些店面禁止自带食物，请提前确认。

☑ 让狗狗待在自己脚边

在脚边的地板上铺上小垫子，让狗狗坐在上面。有些店铺允许狗狗坐在座椅上，但不要让狗狗把脚和脸放在桌子上。

带狗狗出门旅行之前的准备事项

尽量做到准备充分

最重要的是提前确认相关事宜。不同的留宿设施，会对可以住宿的只数、体重限制等进行详细的规定。如果不提前确认，可能导致"没想到要跟狗狗一起在房间里吃饭啊""狗狗超重，只能在车里过夜了"等令人遗憾的事情。带着爱犬旅行，要比独自出行有更周密的计划和准备。

第一次在外留宿的时候，尽量不要离家太远，住一晚就好。在这次尝试的过程中，观察狗狗在外留宿的反应。可以预见的问题，包括对陌生环境的不安、主人不在身边时一直叫、在房间里小便占地盘等。应该尽量考虑与家人一起出行，这样主人洗澡的时候不至于让狗狗独自留在房间里。如果无论如何都没办法一直把狗狗带在身边，可以让它暂时进到笼子里。

狗狗晕车、排泄等因素，可能导致行程滞缓。所以做时间计划的时候，行程安排不要太紧。

在大厅等公共区域，请务必拉紧牵引绳

可以带着日常惯用的床垫或笼子让狗狗安心一些

在酒店留宿规则

✓ 携带日常狗笼作为寝室

必须提前做好习惯狗笼的训练。如果使用日常惯用的狗笼，大概率能沉着应对陌生环境。

→p.068 狗笼训练

✓ 准备日常用的饭盆

带着平时在家用的饭盆，狗狗会很快找到熟悉感。

✓ 准备尿托盘

把尿托盘摆放在距离狗笼稍微远一点的地方。如果狗狗有占地盘的习性，可以考虑使用尿不湿。

✓ 把狗狗的排泄物扔在 指定垃圾箱内

把用完的尿不湿和垃圾袋带回家，或者扔在酒店的指定垃圾箱中。不要随意扔在房间里的垃圾箱里。

✓ 不要让狗狗上床

大多数的酒店禁止狗狗上床。即使酒店允许，也需要自己携带床单，以防狗毛弄脏床品。

✓ 确认酒店是否允许 狗狗使用浴室

大多数的酒店禁止宠物犬使用浴室。但有些地方设置了宠物专用浴室。

✓ 不要给狗狗使用毛巾 等备品

不要把给客人准备的备品用在狗狗身上。要么从家带狗狗所用的毛巾，或者使用酒店专门给狗狗准备的备品。

遵守规则，度过心情舒畅的留宿之夜吧！

从表情和体态读懂
柴犬的心情

跟狗狗一起生活，自然而然地就会从表情和体态读懂狗狗的心情。
本章节中仅介绍有代表性的例子。

为了正确领悟狗狗的心情，需要进行综合性判断

狗狗展示出来的每一个表情和体态，都是一个独立存在的单词。而我们需要把单词组合到一起，才能完成一篇文章。当身体每个部位的形态和动作与当下或前后的情况连接在一起时，会出现不同的意思。

例如，打哈欠通常意味着困倦，但如果在训练过程中打哈欠，则意味着"在训练中感受到了压力和烦躁"。而摇动小尾巴不一定意味着快乐，俯下耳朵也不一定绝对代表恐怖。

也就是说，不要仅通过某个身体部位来判断，而需要结合全身的动作和当下的状况来分析狗狗的心情。

舔鼻子

压力会导致狗狗大量流鼻涕，所以狗狗才会不得已伸舌头去舔。这还是一个向对方传达"我没有敌意"的信号。因为狗狗在伸舌头的时候，不能采取攻击行为。

转移视线

如果通常都喜欢与你对视，但偶尔出现转移目光的情况，说明这时候狗狗从你身上感受到了恐怖和压力。例如训练进行得不顺利，主人表现出焦躁不安的情绪时，狗狗就会避免眼神交流。

鼻子上面挤出皱纹

这是向对方发出的警告和威胁的信号。上唇向上提、露出犬牙、挤出皱纹，与此同时常见低吼和压低身体的姿势。

眯起眼睛

除了在光线太强时眯起眼睛以外，感受到压力时同样会眯起眼睛，而且会不断眨眼。这时候的心情是"我不盯着你看了，你也别盯着我看了好不好"。

眼 eye

眼睛是心灵的窗口。视线方向和眨眼的方式，代表着不同的情绪。

鼻 nose

紧张的时候会流鼻涕，发出哼哼的鼻音是在撒娇……这是一个出乎意料表情丰富的部位。

127

露下牙

看起来好像在笑，说明此时轻松愉悦、心情很好。这时候上唇没有上提，所以鼻上不出现皱纹。

露上牙

对于狗狗来说，最大的武器就是牙齿。所以向对方露出牙齿的表情，充满了威胁的意味。如果对方看到这个表情还不退却，就会演变成真正的打斗。

打哈欠

困的时候打哈欠，心情紧张的时候也打哈欠。特别是睁着眼睛打哈欠的时候，后者的可能性较大。

嘴
mouth

张嘴露牙的方式，代表不同的情绪。

耳
ear

耳朵通常直立。耳朵动起来的时候，心情也在波动。

— **焦虑时出现的冷静体态**

所谓冷静体态，指的是狗狗在混乱的状况下，或感到压力时表现出的肢体语言。这是为了让自己和对方都沉静下来的信号，来自英语的"CALM"一词。

具体来说，眯起眼睛、频繁眨眼、回避对视、舔鼻子、打哈欠、抖动身体等都属于冷静体态的范畴。如果狗狗在紧张状态下摆出这样的体态，则可以理解为狗狗的压力过大。虽然单独来看都可以理解为其他意思，但更加重要的是结合当下的状况进行判断。

> 批评狗狗的时候它都扭过头不看我，是因为我太可怕了吗……

— **飞机耳？**

阿柴与主人之间都对"飞机耳"心照不宣。这是指双耳低垂压平，好像飞机两翼一样的状态。据说在与主人久别重逢等非常喜悦的时候，会出现这样的肢体语言。因为主人平常抚摸头顶的时候，双耳就会低垂下来，所以一见主人就条件反射地先行压平耳朵。除此之外，还可以考虑高兴时咧开嘴角，同时带动了耳部向下的肌肉等原因。

耳朵下垂

感觉到恐怖，为了保护重要的耳朵时会让耳朵低垂。与夹起尾巴一个道理。让身体变小，是为了保全自己不受伤害。

耳朵侧翻

耳朵直立却向侧面翻过去的时候，心里交杂着愤怒和恐惧的感情。常见于打斗过程中威胁对方的场景。无论如何，这都不是一个代表愉快心情的动作。

尾巴上部小幅度摆动

尾巴翘起来的时候，心情处于愉悦的状态。摆动越快，代表心情越兴奋，说明当下又开心又激动。

尾巴上部缓慢摆动

对对方有兴趣，或者即将主动奔向对面的方向。有可能包含攻击的情绪。

尾巴下部缓慢摆动

尾巴下垂的时候，心情处于低落的状态。感觉到不安，不知道将会发生什么而产生的疑惑的情绪。

压低胸部，翘起尾巴

被称为游戏信号，这是在邀请对方一起玩耍。也是传递自己"没有敌意"的冷静信号之一。

尾 tail

真实反映感情的小尾巴。但并非只要摇晃尾巴都代表喜悦。

举起单侧前爪

用前爪轻轻碰触对方，是一种被称为"开心举手"的撒娇姿态。如果前爪停在半空中，则意味着集中精力在关注什么。除此以外，还存在由于压力导致肢体僵硬的可能性。

足 foot

要么接近对方，要么逃离对方。这里总会出现不可思议的姿势。

④

愉 快 的

训 练 过 程

训练时要充满 游戏 的感觉！

说到训练，总会有点严苛的感觉。

那是因为您联想到了警犬训练吧。

或者说需要坚韧的品格什么的……

我们只要教一些狗狗日常生活可以用到的技巧就好。

正要淘气的时候，只要主人叫一声"过来一下"，就能预防事态发展什么的。

例如散步的时候要等信号灯。

过来一下

咦？

等一下

虽然这些动作能促进大脑活性化，但是对日常生活没什么作用，所以我们在这里先不教了。

"握手"是游戏啊！

"握手"什么的，不教吗?

当然，自己在家教一教也没什么关系。

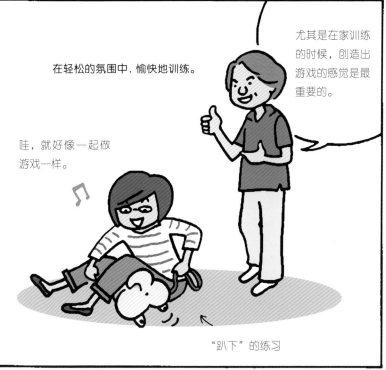

在轻松的氛围中，愉快地训练。

尤其是在家训练的时候，创造出游戏的感觉是最重要的。

哇，就好像一起做游戏一样。

"趴下"的练习

不开心就没办法训练！

成功完成训练的秘诀，在于愉快的训练过程

如果想要激发狗狗的训练热情、提高狗狗的记忆力，非常重要的一点就是要让大脑的多巴胺神经元活性化起来。简单来说，就是要让狗狗在愉快的状态下接受训练，而这也正好是事半功倍的方法。主人可以把自己假想成猜谜节目的主持人，诱导狗狗给出正确答案。当然，别忘了要提前准备好用来进行表扬的小零食。如果满身都是"我一定要教会它"的那种使命感，不仅狗狗没办法提起兴趣，主人也会变得急躁。

训练的推进方法

所有的训练都可以按照这个顺序进行。当某一个步骤基本100%完成以后，就可以进行下一个步骤了。

步骤 1　教授动作

例如"坐下"这个动作。我们可以用食物诱导狗狗自然而然地完成这个动作（屁屁落在地面上）。当狗狗能出色地完成这个动作，就要进行奖励，以便狗狗强化这个动作的记忆。

坐下

步骤 2　教授狗狗语言信号

在让狗狗坐下之前，反复诵读"坐下"这个词汇。通过反复诵读，让狗狗记住词汇和动作的关联性。

坐下

步骤 3　让狗狗听从语言信号完成动作

通过语言或手势，让狗狗独立完成该动作。

统一语言

无论选择哪个词汇作语言信号，都务必遵循统一的原则。狗狗并不理解词汇的意思，只是能记得声音和声调。如果家里每个人都用不同的词汇，狗狗一定会不知所措。

每次训练控制在5分钟

虽说是愉快的训练，但无休无止地进行下去也怪腻烦的。建议每次训练控制在5分钟左右。频繁进行短时间的集中训练效果会比较好。

家里人选择一个统一词汇

坐下

做好

Sit

发现压力信号的时候及时转换氛围

所谓压力信号，是狗狗处于压力状态下时呈现出来的样子，如打哈欠、舔鼻头等。如果在训练中出现这种信号，说明狗狗已经厌倦了训练，并且隐约感受到了压力。此时可以通过以下方法调整氛围，或者改善状态。

→p.129 压力信号

方法 1 更换零食种类

方法 2 降低训练难度

方法 3 在做"等待"训练的时候，让狗狗稍事活动

方法 4 小睡片刻

磁铁游戏

用食物诱导狗狗做游戏，是所有训练的基础。手握零食，如果零食的味道能像磁铁一样把狗狗吸引过来，狗狗的鼻子触碰到手的那一刻就算合格。

1 狗狗的鼻尖碰到手上

右手握住零食，让狗狗过来闻。狗狗一定会被味道吸引过来的。

→ **p.058** 取出食物的方法

如果手的位置太高，狗狗会扑过来。要让手的高度与狗狗鼻子的高度一致。

牵引绳保持放松。

好孩子

⚠ 如果咬手的话，就不能给食物

如果太着急吃食物，迫不及待地咬了主人的手，这时候绝对不能给食物。这会让狗狗留下"咬人就会有好吃的"的印象。同样，如果动作做不好，也不能给食物。

2 手水平移动

如果狗狗会贴着手一起向前走，就要给予食物表扬。

······>

3 前后左右移动

让狗狗回到初始位置，或者让狗狗转身。如果狗狗完成得好，就要给予食物表扬。

<······

对视

与主人对视的训练，
可以帮助主人获得狗狗的关注。

1 狗狗的鼻尖碰到手上

右手握住零食，让狗狗过来闻。

3 加入语言信号

在对视的时候，语言信号可以是狗狗的名字。呼唤狗狗的名字以后，进行 **2** 的动作，同时看着狗狗的眼睛喂食。反复练习以后，狗狗听见自己的名字时就会与主人对视。

MOMO

2 手移动到下巴的位置

右手移动到下巴的位置，这将成为对视动作的手势信号。伴随着手的动作，狗狗会抬头看主人。

要点

可以吹口哨吸引狗狗的注意力

如果狗狗没有抬头看主人，可以通过吹口哨或打响指的方法吸引注意力。

137

坐坐

只要能安安静静地坐下，日常生活就会顺畅很多。
语言信号可以是"坐下"，也可以是"sit"。

1 狗狗的鼻尖碰到手上

右手握住零食，让狗狗过来闻。

2 抬手，诱导狗狗向上看

缓慢移动右手，诱导狗狗抬起鼻尖。然后就会自然而然地坐在地上。

要点

如果狗狗往后退

如果狗狗向后退，不坐下的话，可以换一个后面是墙壁的位置训练，避免狗狗移动。

坐坐

4 加入语言信号

先说"坐下"，然后进行 **1** ~ **3**。

好孩子

3 在坐好的姿势下喂食

在狗狗抬起鼻尖的状态下喂食，给予表扬。确保表扬以后小屁屁也不能离开地面。

趴 趴

用于乖乖等待时的姿势。在顺利完成"坐坐"的训练后，可以尝试这个动作。
可以使用"down"这样的语言信号。

1 让狗狗坐下

用手握住零食，让狗狗过来闻。然后
移动右手让狗狗屁屁着地。

3 加入语言信号

先说"趴趴"，然后进行
①~②。

2 手向下移动

右手向下，狗狗为了追寻气味会自然而
然趴下来。完成趴趴的姿势后给予食物
奖励。

如果上述方法进展不顺利

用手施加限制

手接近地面，诱导
狗狗从手掌下钻过
来趴着吃食。

用腿施加限制

弯曲膝盖，诱导狗
狗从膝盖下面钻过
来趴着吃食。

过来

学会"过来"以后，可以起到预防不良行为、回避危险的作用。
单人完成步骤1以后，可以两人配合进行步骤2和步骤3。
可以用"我这边""come"等语言信号。

1 对视

呼唤狗狗的名字，对视。

→ p.137 对视

步骤1

MOMO

重点在于，手放在身体中央，用身体挡住身后的背景。如果狗狗看到身后的背景，有可能会注意力不集中。

过来

4 加入语言信号

在进行 **2** 之前，使用"过来"等语言信号，然后进行 **1** ~ **3**。

2 一边用食物诱导，一边后退几步

用手握住零食，让狗狗过来闻。狗狗过来以后，带着狗狗一起向后退几步。

好孩子

3 身体接触后给予食物奖励

狗狗接触到自己的右手即可。为了让狗狗意识到"我来到了主人能碰到我的地方"，给予食物奖励的时候也不要把手伸出去太远。

对视

B方拎住牵引绳，A方稍微站远一些。A方呼唤狗狗的名字，相互对视。

用食物诱导，后退几步

A方一边说"过来"，一边用握住食物的手诱导狗狗向后退。狗狗跟随A方退后的时候，B方也跟着行进。保持牵引绳呈松弛状态。

身体接触后给予奖励

右手贴着自己的身体，把食物奖励给狗狗。两个人可以轮流训练。

稍微拉开一些距离

A方和B方的距离慢慢拉远。如果难以对视，可以用口哨或响指吸引注意力。

发送语言和手势信号

如果距离较远，狗狗也能做出反应，来到身边，该训练结束。

最重要的是，不要让狗狗在听到"过来"的时候产生厌恶的情绪。

如果听到呼唤感到厌恶，以后必然不会听从呼唤。

等 等

为了防止扑人事故，避免给周围邻居带来困扰，"等等"是个非常必要的训练内容。
难度较高，需要更多的耐心。

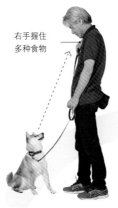

右手握住
多种食物

1　让狗狗坐下，对视

步骤1

狗狗学会坐下和对视的动作之后，才
能进行这项训练。

→ **p.137** 对视

→ **p.138** 坐下

**不要教给狗狗
"保留"的动作**

在喂食之前让狗狗等待的"保留"
动作，会让狗狗意识到"得到食物
前不能动"。这与本书中介绍的"食
物诱导"训练法有一定冲突。"保留"
的动作，对看家犬来说有一定必要，
这是为了防止它们随意接受陌生人
的食物。但对现代宠物犬来说，并
没有多大作用。

2　分次给予不同食物

在狗狗站起来之前，分
次投喂。让狗狗意识到，
"只要保持坐下的姿势，
就差不多能得到食物"。

OK

3　告诉狗狗结束了

在手里的食物快要吃完之前，
开始行走，以便狗狗理解这是
一个"结束"的信号。走到狗
狗旁边时，狗狗也会跟着动起
来。可以在开始行走之前，加
入"OK"的语言信号。

4　保持对视

与 **2** 相同，要持续喂食。但
投喂之后务必保持对视的状
态。最后按照 **3** 的方法结束
训练。

步骤2

拉开食物与食物之间的时间间隔

与步骤1相同，陆续投喂食物。伴随着狗狗的理解，延长坐姿时长。

步骤3

等等

伸出左手，挡住狗狗注视握住食物的右手的视线。

加入语言和手势信号

给食之前，一边说"等等"，一边把左手手掌挡在狗狗面前。

步骤4

等等

好孩子

等等

1 一边让狗狗"等等"，一边拉开距离

与步骤3相同，一边让狗狗"等等"，一边后退。从一脚长的距离开始。

2 回来，表扬

马上回来，投喂表扬。

3 慢慢让距离变得更大

反复进行 **1** ~ **2** 的过程，让距离慢慢变大，最终达到牵引绳完全打开的间隔。

抬 脚

"HEEL"是"脚后跟"的意思。这个训练是为了便于让狗狗在散步时把注意力放在主人身上。难度较高，请把握好节奏享受训练过程。

1

对视

右手握住几粒狗粮，发出对视的手势信号。完成对视后，投喂奖励。

好孩子

步骤1

2

绕到狗狗的身后

给一粒狗粮以后，再次发出对视的手势信号。完成对视后，移动到狗狗的右侧。如果狗狗不动，可以蹲下直到狗狗无法看到主人的眼睛。

好孩子

3

狗狗完成对视时，给予奖励

狗狗移动到主人正面，完成对视时，给予零食奖励。

4

反复进行 **2～3** 的练习

反复进行，让狗狗意识到应该"一边对视，一边配合主人的动作"。

步骤2

①

一边对视，一边前行

狗狗完成对视以后，马上一起走几步。完成后，给予零食奖励。这样一边保持对视，一边缓慢增加一起走的步数。

② 抬脚

教授语言信号

通过 ① 的训练，如果狗狗能保持对视的状态一起步行5米左右，接下来可以试着在对视前行之前加上"抬脚"的语言信号。狗狗如果能做到一边与主人对视，一边不停前行，就要给予食物奖励。反复训练，实现只通过"抬脚"的语言信号，就能让狗狗跟自己对视前行的效果。

应用

抬脚

与其他狗狗擦肩而过

散步中难免遇到其他狗狗，但并不需要引发过度的兴奋。通过手势和语言相结合，就能盯着狗狗和其他狗狗平安无事地"错车"。如果能完成整套动作，应该投喂表扬。

※完成"抬脚"(p.144)动作，才有可能进一步实现对其他狗狗的社会化(p.084)训练。可以找其他狗狗伙伴一起练习。

放松牵引绳

为了在确保安全的前提下体验一起散步的快乐，
就不能把牵引绳拉得太紧。

**错误的
散步方式**

牵引绳被绷紧

狗狗用力，拉着人往
前走。这时候是狗狗
在控制人的状态。

**正确的
散步方式**

牵引绳处于松
弛状态

与人并排行走。
即使狗狗位于人
的前方，牵引绳
仍然处于松弛状
态就没问题。

如果狗狗拉扯牵引绳，就停下来

让狗狗学习到"拉扯牵引绳
就不能继续前行"的规则。
一旦狗狗拉扯牵引绳，就停
止前行。直到狗狗放弃拉扯，
再继续前行。有拉扯习惯的
狗狗，在训练过程中很难前
进，要从短距离开始耐心地
训练。

左手拉住牵引绳，放在肚
脐附近，这样才能稳定体
态。

➜ p.099 拎牵引绳的手法

防 止 散 步 时 拉 扯 牵 引 绳 的 小 工 具

| 狗狗防爆冲背带（Easy walk） | 狗狗防爆冲口环（Gentle leader） |

设计巧妙，在狗狗试图拉扯牵引绳的时候，会把狗狗的胸部和鼻尖带到主人的方向，让狗狗没办法继续拉扯牵引绳。推荐给急于纠正狗狗拉扯习惯的主人。

你知道吗？ ─ **Chalk color无法建立良好的关系**

市场上有一种叫作Chalk color的小工具，同样也能起到防止狗狗拉扯的作用。一旦狗狗拉扯牵引绳，脖子就会被勒紧（讨厌的事情），以此降低拉扯行为。但并不推荐大家选用这种工具。如p.053所述，伴随着惩罚的训练方式弊端太多，在犬类训练员中，流传着"猛拉（jerk）3年"的说法。所谓猛拉，就是忽然勒紧脖子。意思是说，专业人士需要经过3年以上的练习，才能掌握这种训练技法。想必狗狗主人通常无法灵活运用。毕竟，谁都不愿意一边被勒紧脖子，一边训练吧。

阿柴辞典

狸猫脸

【狐狸脸】
【狸猫脸】

像狐狸一样的小尖脸，叫作狐狸脸。像狸猫一样双颊圆润的，叫作狸猫脸。颧骨高低、骨骼位置、毛量差异，会让面部印象截然不同。就算同一只阿柴，也可能夏季是狐狸脸，冬季变成狸猫脸。

狐狸脸

从传统用语到网络新词，这个章节中收罗了关于阿柴的各种词汇。

【四眼】

眼睛上面的白色斑点，宛如俏皮的白眉毛。这个特征在黑柴身上特别明显，而红柴的眉毛也可能是其他颜色。达克斯猎犬也有类似特征。

【白肚皮】

相对于背部和身侧而言，肚皮通常是白色的。腿内侧和尾巴下面通常也是白色的。身体上下的色差，属于阿柴的特征之一。

【小燕子】

额头上会出现M形的毛发，像小燕子一样，统称"M眉"。初次换毛之后比较常见，但也有的阿柴每年都会出现这种M眉。一丝不苟的表情搭配滑稽可爱的眉毛，让人忍俊不禁。

不知道这些，可算不上自己人哦！

【白袜子】

指的是阿柴洁白的脚尖，就好像穿着白袜子一样。但也有没长白袜子的个体。对于这种小白脚，我们通常叫作"踏雪"，而对于日本犬来说，"白袜子"的称呼也非常合适。

【胯毛】

指的是生长在大腿内侧的长毛。在冬季可见。据说当阿柴坐在雪地上的时候，胯毛的存在可以帮助阿柴御寒。同样，生长在脑后和背部的长毛叫作"蓑毛"，起到抵御风雪的作用。

【卷尾】
【直尾】

可以圆溜溜地卷起来，尾巴尖不碰触身体，而是被圆润地包裹在里面的尾巴，叫作"卷尾"。如右图1~6所示，就叫作卷尾。如右图7~9所示，叫作直尾。而每一种尾型，又有自己的名称。

【天使翅膀】

指两边肩膀上的浅白毛发。这是阿柴的粉丝们口口相传的俗称，近来在网络中流传甚广。并非所有阿柴都有这种毛发，而且在换毛时期也有被隐藏起来的阶段。

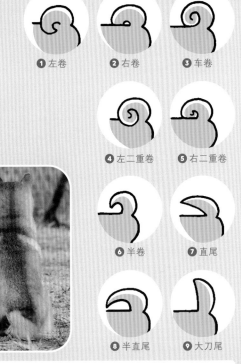

❶ 左卷　❷ 右卷　❸ 车卷

❹ 左二重卷　❺ 右二重卷

❻ 半卷　❼ 直尾

❽ 半直尾　❾ 大刀尾

【 阿柴距离 】

通指阿柴和其他狗狗或者其他狗狗主人之间拉开的微妙距离。作为独立性强的阿柴来说，这可以算得上是它们的特征之一。也正是因为这一点，吸引了很多阿柴粉丝呢。

【 拒绝柴 】

形容阿柴在散步的时候懒得走路，或者拒绝什么事情时的样子。这个词汇可以传神地体现出顽固阿柴的神态，但对于一众阿柴粉丝来说，阿柴拒绝的样子也是可爱的。怎么拉牵引绳也拽不动的阿柴，好像玩偶店的手办一样，别称"不动柴"。

→ **p.088** 我不！我不！阿柴大集合！

【 阿柴钻头 】

通指阿柴以自己的黑鼻尖为顶点，噗噜噗噜转头的样子。这个样子看起来很像用来开孔的钻头，因此而得名。狗狗会用抖动身体的方法甩掉身上的水和污垢，但有时也是精神压力巨大的表现。请主人们多关注。

→ **p.129** 压力信号

吼吼！

【地柴】

原产于高海拔的信州地区的地柴。据说现在的柴犬都是从信州柴犬进化来的。在信州柴犬当中，还可以继续划分出"川上犬"和"木曾犬"等地柴类别。原产于川上村的川上犬，是长野县的自然纪念物。

川上犬

【信州柴犬】

它是生长在日本特定地区，有一定特征的阿柴。在日本犬当中，柴犬是唯一没有用地名命名的犬种，足以见得其分布区域有多广。据说日本各地都有阿柴存在。

【山阴柴犬】

原产于山阴地区的地柴。山阴柴犬曾经是捕猎小能手。大多数的个体都具备头部小巧、肌肉发达、直尾、淡棕色的特征。与沉默寡言、忍耐力强的山阴人一起生活至今，山阴柴犬养成了安静沉稳的气质。

【美浓柴犬】

原产于美浓地区的地柴。特征是被称为"绯红"色的浓密毛发。胸前和脚尖偶见白色，但通常都是全身长满绯红色的毛发，因此被称为"红一枚"。大多数是卷尾。

柴犬种类很多哦！

【羽衣之柴】

曾在德川纲吉的时代被视为瑰宝的长毛纯白柴犬，被传得神乎其神。因为其宛若天仙一样洁白秀美的身姿，曾经被当作神的使者广受供奉。柴犬本来应该是短毛犬，但偶尔也会出现稀有的长毛个体。

长毛白柴，MUKU。右侧照片是MUKU小时候的样子。莫非这就是现代羽衣之柴？

【绳纹柴犬】

指形态类似绳纹时代狗狗的阿柴。我们从绳纹时代遗迹中发现了狗狗的骨骼，然后根据骨骼和考古资料，测绘出了面长、额浅、颜宽、口阔、行动敏捷的阿柴形象。目前，绳纹柴犬研究中心正在积极开展保存和保护活动。

【中号】

曾经在战争时期面临过灭绝危机的优秀雄性柴犬，现在的大多数柴犬都属于中号血统。

"柴"的名字由来

童话故事经常以"老爷爷要进山去打柴……"来开头，据说"柴"的名字就是从这个传说中衍生出来的。所谓"柴"，指的是低矮的灌木。像柴犬这种小型犬，偏偏长了色如枯木般的毛发，冷眼看上去还真的有点像灌木，因此被戏谑地叫作"阿柴"。还有一种说法，说阿柴的名字来自信州的柴村。据说因为阿柴头脑敏捷，可以巧妙地穿过柴火垛子帮助人类打猎，所以被称为"阿柴"。

⑤

意料之外的

问题行为

顽固阿柴的 迷惑 行为

呜!

汪!

1岁左右

最让人吃惊的是,吃完饭以后也要看饭盆。

第二代的TETSU是个特别让人头疼的孩子。

竟然觉得饭盆比狗粮还重要的狗!

就连用零食交换都不行。

有时候从它身边路过,也会被吼!

也不喜欢擦身体。要是勉强擦拭,搞不好会挨咬!

因为关系实在无法缓和,只能去咨询专业人士的意见。

超喜欢这位客人。

后来,借助懂得行为治疗的兽医的帮助,终于慢慢改善了关系。

不再继续执着于看饭盆。

安心

直到5~6岁，
性格才变得
沉稳。

吃饭以后，
自己就会潇
洒地离开。

眼睛也变圆了。

阿柴本来就大多性格顽固，其中不
乏费人心思的狗狗。我觉得啊，与
其家人独自烦恼，不如尽早征求专
家的意见。踏踏实实地去夯实彼此
的关系，一定会有回报的。

真是不敢想象，
有一天可以跟阿
TE这样亲密接
触啊。

真的是太好了！

不要勉强它
做什么。

虽然一如既往地不
喜欢擦身体，但是
散步回来可以自己
从毛巾上走过去。

外面的防腐木板

问题行为的背后一定有理由

首先冷静地观察，寻找行动理由

狗狗们的行为不会毫无意义。虽然我们以为它们在"漫无目的"地吠叫，但并没有无目的吠叫这样的事情，一定是发生了对于狗狗来说很重要的事情。

为了改善问题行为，就必须要发现理由并加以制止。虽然看起来有难度，但不用特别担心。只要从下面两个选项中明确出来一个就好。1.想要"好东西"；2.想让"坏东西"消失。在p.054中提到过4个学习类型，这正好是其中的2个。只要搞清楚这一点，解决方法就随之而来了。

例如，同是"吠叫"的行为，要零食的时候就是想要"好东西"。只要别让它看见零食，就不会发生吠叫的情况了。而当狗狗听到脚步声（坏东西）就吠叫的时候，它是希望脚步声消失。实际上可能只是与自家狗狗无关的路人脚步声，但大概狗狗却觉得"非叫几声不可"。对于这种现象，要么可以让狗狗搬到听不到脚步声的房间去，要么可以让狗狗习惯脚步声（社会化），这些都是有效的方法。

为了了解其中的理由，我们需要细心地观察狗狗，获知这些行为会在何时、何处、为何、如何发生，从而分析背后的理由到底是什么。

如果狗狗想上桌子，一定是因为桌面上有食物。这就是所谓的"好东西"。只要狗狗体验到一次这种"好事情"，以后就会养成上桌子的习惯。

叫一叫就有好事发生。

叫一叫"坏东西"就消失了。

问题行为的理由有两种类型

1 为了得到"好东西"的问题行为

对策

让所谓的"好东西"消失

↓

解决

停止这样的行为

例 为了要零食、为了撒娇而吠叫

汪 汪 汪

↓

对策

即使狗狗叫了，
也不要投喂零食，
不要任其撒娇

＋

教给狗狗通过
正向行为获得欲求满足

↓

解决

不叫了

2 为了让"坏东西"消失的问题行为

对策

让所谓的"坏东西"消失，
或者让狗狗习惯（社会化）

↓

解决

停止这样的行为

例 因为走廊里有人路过而吠叫

汪 汪 汪

↓

对策

转移到听不到脚步声
的房间，让狗狗适应
他人的脚步声

↓

解决

不叫了

虽然同为"吠叫"
行为，但解决方案
却不同。

诉求吠叫

叫了也不会发生你期待的"好事情"

为了得到"好东西"而吠叫的行为，被称为"诉求吠叫"。大多数的情况下，狗狗是为了得到零食或玩具才这么叫。但如果因为狗狗的诉求就随着它的心愿给它零食或玩具，那么狗狗就会学到"叫一叫就能得到满足"的体验。所以，请坚持做到不要因为狗狗吠叫就满足它的要求，可以扭开头、无视它们就好。等狗狗放弃诉求，冷静下来以后再满足它。

在准备零食的时候，兴奋的叫声会延续到索要零食的诉求吠叫，并强化吠叫的习惯。这是因为狗狗坚信"只要叫了就会得到满足"。为了避免这种问题，可以在准备零食的时候避开狗狗的视线，在它开始叫之前就投喂。

偶尔，狗狗会在笼子里吠叫，意思是说"我要出去"，或者"快过来一下"。此时，如果狗狗开始吠叫，就一定无视它，直到它安静下来再靠近询问，或者把狗狗从笼子里放出来。如果您在这时候说"别叫"或者"安静"的话，对于狗狗来说反而会成为宠溺的一种表现。绝对不要这么做！

沉迷于零食，无心吠叫！

我们想让自己的孩子安静下来的时候，会给他们准备绘本或玩具。与此相同，我们可以为狗狗准备"长时间享用"的零食，尽量避免养成吠叫的习惯。

警戒吠叫/驱逐吠叫

尽量不要让狗狗有"叫一叫就把陌生人赶走了"的体验

对有所戒备的人吠叫，是狗狗的本能。特别是对看家狗出身的阿柴来说，这是一种常见的行为。但是，如果在日常生活中对门窗声或路人的脚步声频繁做出敏感的反应，也是足够让主人头疼的，而且对周围的邻居也是一种打扰。长此以往，狗狗甚至会觉得是自己的叫声"赶走了陌生人"。

为了改善这种"驱逐吠叫"的行为，首先就是花些时间，尽量不要让狗狗误会自己的"驱逐行为"（叫一叫就把陌生人赶走了）。其次，就是要让狗狗习惯"自己想要驱逐"的对象（社会化）。这两种对策都非常有效。

步骤1 首先制止"吠叫"

调整狗狗的生活空间，让它看不见也听不到所谓的"警戒对象"，这是最有效的方法。如果无法实现这一点，则可以把狗狗带离相关地点，阻止其吠叫。如果狗狗对零食感兴趣，可以在地上撒一些零食，以实现狗狗停止吠叫的目的。

步骤2 习惯脚步声

为减轻狗狗对假想敌的戒备心，可以让它反复听这种声音的录音回放。给它一点零食，让它一边吃东西一边听录音。

→p.080 成为不惧怕噪声的阿柴

门铃一响就吠叫

让狗狗记住，门铃=食物的关联性

这是类似于"驱逐吠叫"的行为。狗狗理解门铃响起=客人到访以后，不留神就养成了吠叫的习惯。门铃一响，狗狗跟主人一起到玄关处，见到快递小哥，叫了一叫。但狗狗会因此以为是自己的叫声"驱逐了陌生人"，因此养成吠叫的习惯。

作为应对方法，可以让狗狗反复听门铃的声音。然后把门铃响起=客人到访的认知纠正为门铃=食物的认知。例如让家人或朋友按门铃，然后马上投喂食物。将食物放进笼子中，然后让狗狗在笼子里吃饭。连续数日，狗狗就会自觉地在门铃响起时进到笼子里。然后，就跟进窝训练一样（p.068），关上笼子的门，用布盖上，然后从缝隙处把零食塞进去。这样可以教会狗狗在窝里安静地等待。

如果不是马上就离开的访客，而是需要招待进门的客人，可以让狗狗学着适应接受客人的投喂（p.083）。

应对

在笼子里投喂

叮咚

零食

→ **p.068** 进笼训练

可以投喂一些狗啃胶等可以消磨时间的零食。如果门口的说话声始终不能让狗狗冷静下来，则可以播放音乐或广播盖住门口的声音。

吃屎

只有从一开始避免创造体验的机会，才能彻底预防不良习惯

常见吃屎的小奶狗。究其原因，无外乎是缺乏矿物质、欲求不满、摄取了难以消化的食物。大多数情况下，这种行为会伴随成长自然消失。但也确实存在有些狗狗因养成吃屎的习惯，成年以后也反复吃屎的现象。

为了纠正狗狗这种不良习惯，最重要的是不要给它任何吃屎的机会。本书介绍的如厕训练方法中，就强调了把狗狗从笼子里放出来到排泄之间需要主人始终陪伴。排泄以后，马上打扫，就能消灭狗狗吃屎的机会。只要无从体会这种行为，就不会形成行为习惯。

除此之外，存在因为胃炎才会吃屎的案例。所以保险起见，最好前往宠物医院进行诊治。从饮食方面讲，加入矿物质含量丰富的狗粮、喂食防止狗狗吃屎的营养品，也能在一定程度上纠正不良行为。两方面下手，希望能尽早收获改善效果。

如果把狗狗养在笼子里（分为床和洗手间两部分），而主人又经常不在家，那么吃屎的概率就会大大增加。

➜ **p.062** 如厕训练

大吃一惊！—— **关于狗狗吃屎的最新见解**

加利福尼亚大学的专家最近针对狗狗吃屎的问题提出了一个新的学说。据说，这种行为是一种"预防寄生虫"的对策。野犬和狼，通常都会在远离自己巢穴的地方排便，但身体不适的个体则会在巢穴附近就地解决。如果放置不管，便便里的寄生虫就会蔓延到整个群落，导致集体感染。为了预防这种问题，狗狗会把排泄物吃掉，起到"打扫战场"的目的。现代狗狗也继承了这样的习性。难道说，这是狗狗喜好干净的证据？

问题 **5** 扑人

被扑了也不要表现出喜悦，用无视其动作的姿态来制止这种行为

　　双脚搭在人的身上，盯着人的脸看，或者对着主人的脸舔了又舔。初见觉得这是一个令人怜爱，但并非值得赞扬的举动。如果扑到不熟悉的人身上，会弄脏别人的衣服，还有可能导致跌倒的事故。而对于本身就怕狗的人来讲，这一定是非常恐怖的举动。另外，抬起前身会给狗狗的后腿造成负担。如果角度不当，很有可能引发膝盖骨脱臼。

　　为了纠正这种习性，就不要让狗狗体会到"扑到人身上会有好事发生"的体验。如果被狗狗扑到，不要与其对视，更不要跟狗狗搭话。请与家人朋友约定好，一起进行相关的训练吧。

　　如果在散步途中，看到狗狗貌似要扑陌生人，应该马上把狗狗抱起来，或者拽住牵引绳防止扑人。别忘了，最重要的是避免狗狗体验到不应该进行的行为。

扑人的行为很有可能会导致事故发生。

→ p. 205 膝盖骨脱臼

防止阿柴扑人

让狗狗记住"扑人不会有好事发生""安静坐下会有好事发生"
这两个理念的训练。需要双人配合进行。

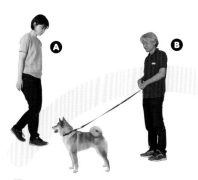

1 A方接近狗狗

B方把牵引绳稍微放长。在这样
的状态下，A方接近狗狗。

要点

不要做出"坐下"的指示

如果做出"坐下"的指示，恐怕会给狗狗留下"让
我坐我再坐""不让我坐我就可以扑人"的印象。
要教会狗狗没有指示也应该坐好的概念。

2 狗狗马上就要扑人的时候，A方转身向远处走去

有扑人习惯的狗狗，一定会试图扑A方。
如若如此，A方可以转身离开。反复尝试，
直到狗狗不再做出扑人的动作。

好孩子

3 不再扑人，能安静坐下的时候，要给予奖励

如果狗狗放弃扑人，就地坐下，A方要给狗狗
食物以示奖励。

163

捡食

有导致中毒或肠胃闭塞的风险，应杜绝

狗狗有在路边捡食物的习惯，就连石子、布头、小球球等不能吃的东西也要用嘴尝试一下。如果吃下去，可能导致腹泻或中毒；如果直接吞下去，则会导致由异物引起的肠胃闭塞，这样一来，只有手术才能解决问题了。您也许认为，只要"马上从嘴巴里拿出来就没问题了"，但从狗狗嘴里抢东西是个挺困难的事情，也许争夺之间，狗狗会把东西吞下去了，或者不留神咬到主人的手。所以，我们应当从根本上解决捡食的问题。

如此说来，还是需要进行训练。也就是说，教会狗狗"与其从路边捡食，不如从主人那里要吃的"。这个过程需要时间和毅力，但为了爱犬的安全，还是要进行训练。

如果总是捡一样的东西

有的狗狗，会执着于捡小石头等特定物品。这种情况下，训练方法可参照下页所示的方法。除此之外，还可以尝试"在这种特定物品上涂抹狗狗不喜欢的味道，然后刻意让狗狗含住"的方法。例如说，在狗狗执着的物品上涂抹训练喷雾的液体，狗狗放进嘴里就会感觉到"苦味"（坏事情），一旦抬头看主人，主人就喂点零食（好事情），通过这种体验纠正狗狗的行为。

预防捡食

为防止误吞事故，一定要杜绝狗狗捡食的行为。
首先，在室内训练。

步骤1

1 牵引绳调整为狗狗鼻子无法碰到地面的长度

握紧牵引绳，左手放在自己的肋骨边。保持这个姿势，确保狗狗的鼻子碰不到地面。

→ **p.099** 拎牵引绳的方法

2 把狗粮一粒一粒地扔在地上

把手里的狗粮扔一粒在地上。狗狗就算想捡，也捡不到。

好孩子

3 狗狗抬头看主人的时候，给予奖励

放弃捡食的狗狗，会抬头看主人。这时候，要给予食物进行奖励。如果狗狗始终不抬头，可以打口哨吸引狗狗的注意力。让狗狗记得"掉在地上的东西根本捡不到""还是抬头看主人要点零食更简单"的体验。

步骤2

抬脚

在撒满狗粮的地面上行走

完成步骤1的训练以后，要在撒满狗粮的地面上练习"抬脚"行走。每次狗狗抬头看主人的时候，都要予以褒奖。开始的时候，只要能走几步就可以，然后慢慢增加步数。

→ **p.144** 抬脚

一粒一粒向狗食盆里放狗粮

为了让狗狗记住"手=给饭吃的好东西",可以用手把食物放进狗食盆里。手不要太接近狗食盆,要从上面把狗粮扔进盆里,也可以从稍远的地方扔进去。即使狗粮掉在地上也不要捡,因为这会让狗狗觉得你在跟它抢食。

問題 **7** # 守卫狗粮盆

饭盆=饭饭?

在迎来第二性征期的时候,狗狗的占有欲会急剧变强。这时候,就会出现吃完饭不让主人收饭盆的阿柴。主人试着拿饭盆的时候,也许狗狗会发出呜呜威胁的声音,甚至会出现因为收拾饭盆而被自家阿柴咬伤的主人。

作为应对方法,首先要让狗狗懂得"人的手不是会抢食的东西"这个概念。这种情况下,可以考虑不把狗粮一次性放进饭盆里,而是用手一粒一粒把狗粮喂给狗狗。最后,在狗狗专注于从手里吃狗粮的时候,撤掉狗粮盆。这个方法,跟用玩具换食物的"给我"训练相同。

另外,本书中并不推荐"回收"(p.142)的训练。其中一个理由,正是因为"回收"反而会导致狗狗特别想守护自己的饭盆。越是让狗狗等待,就越是会增加狗狗的执念。

也可以不用饭盆喂食

扔掉"必须要用饭盆喂食"的概念吧。本书中,推荐通过"用手喂食的方法进行表扬"的方式。通过这种方式喂食,不仅不需要小饭盆,也不会产生"没办法收拾饭盆"的困扰。

我也因为这个问题困扰不堪过。

追尾巴

这恐怕是因为强迫症导致的异常行为

健康的狗狗也会追自己的尾巴玩儿，这种行为在小奶狗当中特别常见。但如果在成年后出现频繁追尾巴、一边低吼一边追、啃尾巴上的毛发、把尾巴咬出血等行为的话，就不得不考虑强迫症的问题了。

所谓强迫症，跟人类一样，是一种超出正常范围的行为。例如，不反反复复洗手就平静不下来。如遇这种情况，请到宠物医院或动物行为科进行治疗。而对主人来说，可以通过增加散步和游戏的时间来缓解狗狗的精神压力，调整每日饮食游戏的时间、实现良好的生活规律等。据说这些调整都有明显的效果。与此同时，通过适当的训练建立人犬之间的互信关系也尤为重要。

据说，柴犬当中比较多发因病追尾巴的个例，当中不乏执着地啃咬尾巴的现象。时间拖得越长，行为就越难纠正，所以需要尽早就医，医院可以通过投喂缓解焦虑的药物来进行改善。

置之不理会导致情况恶化。

存在癫痫体质的可能性

根据东京大学的研究，在62只存在问题行为的狗狗中（其中柴犬为29只），有51只为癫痫体质。对其中39只投喂抗癫痫药物后，问题行为得到了明显的改善。这或许是因为癫痫导致的幻觉，让身体局部出现不适，才会产生追尾巴的行为。

不能自己在家

让狗狗知道主人一定会回家,才能安心地等待

有不少狗狗,每次主人不在家就叫个不停,否则就把家里闹翻天。如果有这种现象,主人应该让狗狗理解"我一定会回来的""安安静静地等我"。或者延长散步时间,多玩些游戏,让狗狗产生疲惫感,也是有效的方法。也就是说,狗狗累了以后会安安静静地在睡梦中等主人回家。

但是,如果看不见主人的身影就会出现"分离恐惧",则属于精神疾患的范畴了。这样的问题不是通过训练就能解决的,需要到动物行为科进行诊断,并配以相应药物治疗。

1

掌握"等一下"的训练方法

➜p.142 等等

"狗笼训练"的应用

掌握"狗笼训练"

➜p.068 狗笼训练

有效!

不让狗狗注意到自己外出的方法

看到主人拿起包包,开始整理着装的时候,狗狗会意识到"主人要走"。有些狗狗从这时候开始就会骚动不安。如果这样,就需要在狗狗看不到的地方做好准备,然后偷偷溜出门去。相反,我们也可以在日常生活里装扮成要外出的样子,但并不外出,只是去洗手间。这样一来,狗狗就不会把拎包、整理着装等行为与外出的动作联系在一起。日常可以多放些开关门的录音给狗狗听。

2

告诉狗狗"等一下"以后，藏在家具或门后

一边让狗狗"等一下"，一边立即藏在门或沙发的后面，然后马上出现投喂零食。这样做，是为了让狗狗记得"主人消失，但一定会回来给我奖励"。这时候，别忘了把狗狗先拴在柱子上，防止狗狗跑过来。

3

逐步延长消失的时间

藏起来的时间以5~10秒为单位逐步延长，其间可以偷偷用小镜子确认狗狗有没有好好"等待"。试着挑战"等待"5分钟的目标吧。

2

让狗狗能在狗笼里安安静静地待几个小时

确认狗狗确实能在狗笼里安安静静地待几个小时（可以忍住不排泄）。

3

尝试短暂外出

趁狗狗不注意的时候短暂外出。打开电视或收音机，屏蔽关门离开的声音。然后在狗狗下次排泄之前回家。让狗狗反复听开关门声音的录音，也是个蛮有效的方法。

→ **p.080** 成为不惧怕噪声的阿柴

好吃好吃！

为避免无聊，可以准备适合长期享用的咬胶等零食，或者可以独自玩耍的小玩具。

→ **p.113** 自己玩耍用的玩具

为难的时候可以向行为纠正的专业人士或
训练师寻求帮助

分离恐惧以及病态追尾巴等行动，都需要前往专科医院进行诊治。据说分离恐惧与人类的抑郁症很类似，都是大脑里分泌的物质传导出现了问题。通过喂食药物，可以有效改善传导问题。在前面说过，训练也是一种改善的方法。但只有通过合理的训练与药物投喂相结合，才能早日获得理想的效果。

如果您发现了不适当的行为，请早点向专业人士进行咨询吧。另外，您还可以与专业宠物犬训练师取得联系，征求他们的意见。这样的训练师通常和专业医师有密切的接触，会在必要的时候向您介绍合适的兽医。同样，兽医也会向您介绍合适的训练师。

当然，也有一些可以通过训练师简单训练就纠正的问题。别一个人烦恼，让专业人士的意见帮助您理清头绪吧。也许您没想到的小方法，正好可以解决令人头疼的问题。

虽然我们可以借助治疗的手段来纠正问题行为，但与其亡羊补牢，不如防患于未然。早点进行合适的社会化训练，做好提前的预防吧。

留存日常详细记录，
更能传递正确信息。

我也是一边向专业人士咨询，一边在行为治疗中得到了鼓励。

这里有只阿柴！

同为阿柴主人的话，一定能从这个章节中获得共鸣。如果您从现在开始准备饲养阿柴，请务必参考这里的内容。

脱毛，可不是说着玩儿的。

尤其在春季换毛期，掉下来的毛几乎可以再塑造出一只阿柴来。怎么会掉这么多毛啊！无奈之下，有些主人要么把毛团顶在阿柴头上，要么直接用来扎娃娃，也算是苦中作乐！

看看脱毛的样子，就知道秋天又来了。

绵阳犬

山脚下的阿柴KOU。总是从面部先开始脱毛，就好像一只小羊羔！换毛的顺序各有不同哦。

小玩具的瞬间消亡

虽说是小型犬，但是猎犬出身的阿柴破坏力绝对不容小觑。给它的玩具，转眼就支离破碎。还没完！就连葫芦漏食玩具也会被咬碎，更别说沙发里的棉絮漫天飞舞的样子了……主人面色铁青，难道是被我满足的笑脸征服了？

突如其来的腻烦

刚刚还沉迷其中的小玩具，忽然就被抛弃了。阿柴才不会为了配合主人的节奏，勉为其难地一起做游戏呢。不是有人说，"阿柴的身体里住着猫的灵魂"嘛。

\ 呆立 /

在乐园里忽然失神

特立独行的阿柴，来到狗狗乐园也一样我行我素。旁边的狗狗们其乐融融，偏偏这一只在旁边独自奔跑，好像跑够了就可以开心"回家"了。觉得"孤单一人有点可怜的"，恐怕只有主人自己吧。

进退两难的主人

嗯嗯，终于清爽了！

GOMA，冬天毛毛掉得差不多了！

看起来瘦了不少呢！

摸摸索索

可爱！

嗯

屁屁也变小了！

！

心情好复杂啊！

 与其说神清气爽，不如说有点心疼。

大叔风太合适了

就算雌性阿柴，戴上领带的样子，也要比穿着小裙子耐看很多。

穿上衣服心情暗淡

大多数的情况下都对穿衣服有点抗拒，肉眼可见。听说有些主人了解这个性格，故意在需要阿柴"安静下来"的时候给它穿衣服。

无聊的雨天

阿柴知道下雨天不能外出散步，无可奈何地沉迷于睡觉。但听说，也有很多阿柴就算下雨也要执意出门散步！你有没有看过雨天里翘着淋湿的小尾巴跟主人静默前行的阿柴呢？

开心的雪天

"狗狗高兴地在院子里撒欢"，正如歌里唱的那样欢喜。踏一踏雪坑，舔一舔雪花……但年迈的阿柴，则会一副"还是我家最漂亮"的神情。

> 狗狗会把雪花当成什么呢？

探出的小脑袋

养在院子里的阿柴很多吗？我觉得会从栅栏缝隙中探出脑袋的狗狗，一定是阿柴。路过的时候被紧紧盯着，感觉自己成了透明人。

信息交流

正式名称是"柴犬"。但怕揪着细节不放，会被认为是较真的人。还是忍忍算了。

忍不住揉搓的小肉脸

爱不释手的可爱面孔。就连困惑的表情也特别乖巧，握住小肉脸揉了又揉。

 残留的气味会加速排泄哦！

175

被泰迪主人敬而远之

沙沙

对于只养泰迪的人来说，他们深深了解自家泰迪比较亲人的性格。但与此同时，他们也清楚阿柴性格中"吓人"的地方。擦肩而过的时候，他们通常会惊叹一声"呀，阿柴"，然后敬而远之。虽然有点小凄凉，但也没有办法。散步途中，一直在心里纠结这个问题。

越是精力旺盛越可爱

性格顽固、戒备心强的阿柴，绝对不是容易饲养的犬种。主人免不了要花费更多的精力。尽管如此，也钟情于阿柴，真是有点理不清头绪啊！但辛劳的背后，却是对自家孩子说不出的爱。"还是阿柴可爱呀"，据说这样的主人正在呈指数增长。

⑥

目标是尽可能长寿

健 康 管 理

一生都要与 宠物医院 打交道

好帅气!颜色很漂亮呢!

在TETSU开始紧张之前,我必须要在候诊室里给它戴好伊丽莎白圈。这个过程中,我会担心自己能不能完成。

去宠物医院的那一天,难免心情沉重。就算只是要剪个指甲,也同样身心俱疲。

只是用了一下听诊器。

呜汪汪!

随便被碰一下,GOMA就会大喊大叫。

候诊室里窃笑一片。

抱歉吵到大家了。

嘻嘻

噗噗

回家

TETSU喜欢坐车出门,所以就算准备去宠物医院,它也会主动钻进笼子里。倒是GOMA总是磨磨蹭蹭。

那些能读懂TETSU心情的医生，真是值得感谢！虽然距离家有点远，但我们始终在这里就诊。

TETSU喜欢这里的医生，直到踏上诊疗台之前都心情大好。

从开始给TETSU做行为治疗开始，我们就跟这家宠物医院打交道。已经有10多年的时间了。

承蒙这里员工的关照，我们品尝到了各种各样的小零食。

接下来的诊断格外顺利！

为了让狗狗习惯医院，刚开始的确下了些功夫。根据医生的提议，有时只是让狗狗来这里吃点儿零食就回家。

这对后来的健康保养起到了重要作用。遇到一家值得信赖的宠物医院，真的不容易！

验尿

心电图

验血

腹部超声波

胸片

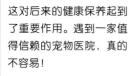

在TETSU12岁的时候，接受了第一次系统体检。

在迎接阿柴回家之前就要确定好宠物医院

关键在"事无巨细的咨询对象"

如果决定饲养阿柴，那么就要提前想好就诊的宠物医院，因为刚刚接回家的狗狗很容易发生健康问题。这叫作"新主人综合征"，也就是说环境变化带来的压力，会导致食欲不振、腹泻、呕吐、脱水等症状。假设我们需要及时就医，有预设好的专科医院更放心一些。

选择宠物医院最为关键的是可以及时前往、承接细节问题的咨询，并且说明内容简单易懂。如果这家医院可以提供专业程度较高的资料内容、接受深夜急诊的话，就更加完美了。但别忘了，我们很难找到完美的医院。只要家附近的宠物医院，可以在紧急时刻接诊，还能够介绍更为专业的治疗机构就可以了。

宠物医院没有统一的收费标准，每家的收费内容都不尽相同。但这并不意味着越便宜越好，还是请慎重考虑其性价比。

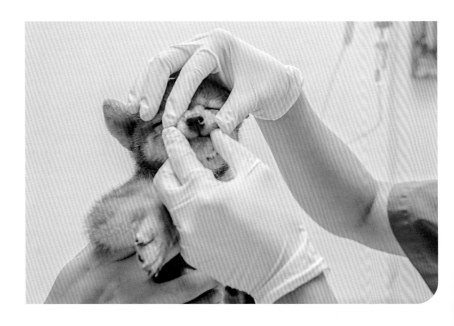

健康确认

眼睛

有眼屎、眼睛充血、流眼泪等，都是疾病的征兆。脚底细菌可能导致疾病恶化，有异常时请及时就医。

耳朵

耳内侧呈现淡粉色为正常。请确认是否有臭味。

毛发·皮肤

身体状况不好的时候，狗狗毛色暗沉。柴犬常见皮肤问题，确认是否有瘙痒症状。

屁屁

如果屁屁有臭味，或者在地面上蹭屁屁的话，可能存在腹泻或肛门腺分泌物过多的问题。

口腔

易出现牙周病、溃疡、口臭、流口水等症状。可以在刷牙时检查牙齿和牙龈。

食欲

食欲骤减或激增都是疾病的征兆。如果伴有多饮多尿的现象，应立即前往医院。

排泄物

请确认大小便的量、次数、颜色。如果对排泄物存疑，请及时就医。

饮水

大量饮水、大量排尿的"多饮多尿"现象，也是疾病的征兆，需要验尿和验血。

脚

出现踮脚、伸不直等现象，都需要及时就医。在暴晒的天气里散步，有烫伤脚底的风险。

体重

忽然增减都是疾病的征兆。每月都需要进行一次体重测量。

体温

成犬的正常体温比人高，通常为38~39℃。可以用肛门式体温计测量。

季节性健康管理

换毛期为一年2次（春秋）

特别是春季换毛期，因毛发大量脱落，每天都需要梳毛。冬毛残留到夏天，会降低狗狗的耐热性。定期淋浴可以进一步促进冬毛脱落。不同的个体，既存在身体部位分批换毛的情况，也存在整体逐渐换毛的情况。

狂犬病疫苗
换毛期

1月	2月	3月	4月	5月

全年都需要
健康管理

酷暑是大敌！预防中暑和寄生虫

相对来说，柴犬比较耐寒。因为毛发浓密，夏季比较难过。在酷暑的季节，空调必不可少。特别是在进行如厕训练的时候（p.062），狗狗自己是没办法转移到凉爽的地方休息的，所以主人务必要时刻保持舒适的室内温度。

在季节变暖的同时，寄生虫也复苏了，请定期投喂驱虫药。疫苗更是如此，与其生病后治病，不如在健康时预防。没有什么比这更加事半功倍了。

春季，是注射狂犬病疫苗的季节

每年4—6月，是狂犬病疫苗注射的季节。此外，还有预防微小细菌的混合疫苗，建议定期接种，以防感染。

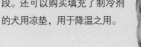

| 换毛期 |

| 月 | 7月 | 8月 | 9月 | 10月 | 11月 | 12月 |

预防虱子、跳蚤

预防虱子、跳蚤

※寄生虫的繁殖季节存在区域差异。

彻底取出寄生虫

无论哪种寄生虫，都会在夏季迅猛地繁殖。最近，冬季室内仍然温暖，所以寄生虫甚至可以越冬。上述季节性预防必不可少，如果条件允许，还应该考虑喂食全年预防的药品。特别是虱子和跳蚤，对人类也有害，需要多加注意。如果狗狗已经感染丝虫病，投喂预防药品会引发抽搐，请事前做好检查。

绝育手术的益处多多！

绝育手术可延长寿命

绝育手术的益处多多！从医疗方面来讲，从此无须担心性激素分泌导致疾病的困扰。研究显示，在雌性发情期前进行手术以后，乳腺增生的风险可以降低99.5%。显而易见，绝育手术可以延长狗狗的平均寿命。

随地小便做标记（雄性）、攻击性变强（雄性）、发情期焦虑不安（雌性）等问题也可以得到控制。在狗狗情绪稳定的情况下，更容易实现人犬和谐共处的生活状态。

另外，还有助于顺畅地完成训练。对于狗狗来说，繁殖是比吃饭更加重要的事情。对于一只尚未绝育的适龄狗狗来说，异性的吸引力远比狗粮更重要！这将导致训练无法顺利进行。

由此可见，如果不需要狗狗继续繁殖，则应优先考虑进行绝育手术。最好在出生后6个月左右，第一次发情期到来之前完成绝育手术。当然，手术前需要验血来确认健康状况。请务必确保手术的安全。

手术的唯一的缺点是狗狗的新陈代谢会降低。因此按照通常食量投喂，狗狗比较容易变胖。术后应换成术后专用狗粮。

稍不注意就完成交配，导致怀孕的事例比比皆是。如果不希望狗狗继续繁殖，请尽早安排手术。

绝育手术的优势和劣势

优势

✔ **预防性别疾病**

可以预防雌性的乳腺增生、子宫囊肿、子宫癌，雄性的精囊脓肿、前列腺肥大等疾病。

✔ **稳定的情绪**

发情期常见郁郁寡欢、食欲不振、易怒、焦虑等现象。这些都会得以改善。

✔ **改善做标记的行为**

如果不进行手术，会常见在室内或室外随地小便的行为。

✔ **实现顺畅的训练**

如果不进行手术，狗狗对异性的关注度极高，不太容易关注到主人的指示。

劣势

✔ **容易胖**

代谢变慢，按照通常食量投喂，狗狗比较容易变胖。

> 改变狗粮种类和喂食量，就能预防发胖！

发情的时候……

出血

雌性每年有2次生理期，每次会持续2周左右的阴道出血。

不听话

为了追求异性，可能会离家出走。

食欲降低

郁郁寡欢、食欲不振，散步也会无精打采。

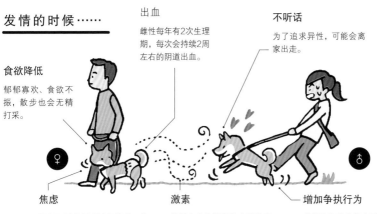

焦虑

阴部不适会导致神经敏感，为了追求异性恐会发生争执行为。

激素

雌性在发情期释放出的激素，会让雄性兴奋不已，无法冷静。

增加争执行为

为获取与雌性的交配权，雄性之间往往会发生争执或激烈的争斗。

从营养的角度选择狗粮

挑选狗粮时要关注综合营养食品

与过去相比，狗粮的种类和质量都已经显著提升，但恐怕这也让主人不知如何选择。

作为大前提，我们可以选择"综合营养类"的主食。狗粮可以分为适合作主食的"综合营养餐"，除此以外的"普通餐""副食""零食"等。这些内容都会在包装袋上标明。除综合营养餐以外，其他都是可有可无的品类。

用人类来作比喻的话，除了综合营养餐以外的食物，就像蛋糕一样，虽然美味，但营养不够全面，虽然狗狗吃起来会觉得愉悦，但仅适合用来作训练。但要少量投喂。

每日必要的食量，都应当用手来喂食

随着年龄、体重、活动量的变化，每日的食量会有所不同。可以参考狗粮包装袋上标明的喂食量，但也别忘了定期称量体重，同时与主治医生进行商讨。零食的投喂量应当控制在每日必需热量的10%以内，同时要从主食中减掉相应的热量。请注意防止热量超标。

综合营养餐

∨

可信赖的品牌

∨

年龄

∨

功能

筛选狗粮的方法

包装袋上会注明"调理毛球""增加毛发光亮度"等标签，但这也只是附加效果。请选择兽医推荐，而且值得信任的厂家。另外，请选择与狗狗实际年龄匹配的狗粮。

干狗粮

✓ 保质期长
✓ 热量高
✓ 种类丰富

湿狗粮

✓ 可以同时补充水分
✓ 热量低
✓ 开封后当日须食用完毕
✓ 综合营养相对较少
✓ 适用于训练

每月都要量体重，根据体重变化决定食量增减。

　　如前所述，本书推荐用手来喂食，以增强褒奖的效果。作为促进感情和互信关系的方法之一，投放食物的次数与训练的效果息息相关。每日投喂次数最少3次，多的时候可以达到6次（每次间隔3小时）。而每次投喂的时候，都不要忘记"进行训练"。请记得："吃饭的时间"="训练的时间"。不要担心"每天投喂6次不多吗"的问题。同样食量来说，少食多餐才能减少对胃部的负担，起到预防肥胖的作用。

你知道吗？ ── **犬类的危险食物**

最近比较流行自制狗粮。但是，人类食物当中存在会导致犬类中毒的食材，如果没有充足的知识就自制狗粮，就是很危险的行为。另外，直接取用人类食物给狗狗分餐，食物的味道对于狗狗来说过于浓厚，请克制这种行为。

✘ 葱类
　（洋葱、大葱、韭菜、大蒜等）
✘ 巧克力
✘ 肝脏
✘ 生鸡蛋
✘ 葡萄
✘ 菠菜
✘ 生肉等

身体护理 绝非 易事

换毛期的柴犬，脱毛量惊人。在身体护理的各项内容中，这可以算得上最大的一个项目了。

呼

每天都梳毛，每天都掉毛。

没有尽头哇！

身体护理

但有一天，忽然在洗澡的途中开始暴走。

汪汪

汪汪

我负责持续投喂零食。

先生负责洗澡。

梳毛

从此之后，就开始拒绝所有的身体护理。

用毛巾擦身体。

TETSU的淋浴，需要我跟先生两个人配合进行。

好孩子好孩子

沙沙

在没适应身体护理前，需委托专业人士护理

"与进行身体护理相比"，更优先"让它习惯身体护理"

对于阿柴来说，首先需要让它们适应这些流程（社会化）。严格禁止在狗狗尚未习惯身体护理之前，强行为其进行身体护理。疼痛、可怕的印象一旦形成，就会张嘴咬人，甚至于做出攻击行为……有些场合，原本能正常进行的项目，也都只能不了了之。

例如剪指甲这样的身体护理是必不可少的。在狗狗还没适应之前，请送到宠物医院或宠物商店去处理吧。由手脚麻利的专业人士来操作，通常不会留下讨厌的印象。即使如此，主人也还是应该学会相关的技能。不要让狗狗感到疼痛，同时还要手脚利索地完成身体护理，这就是主人需要掌握的技巧。

对高龄犬进行身体护理的难度很大，即使是专业机构也可能拒绝接待。从这个角度考虑，常年对狗狗进行服务的宠物店或宠物医院，会相对了解狗狗的特点和脾气，即使狗狗年纪大了，应该也可以接待。所以，尽早确定一家邻近的宠物店吧！

挤肛门腺这件事儿，还是交给专业人士吧

挤出肛门腺的分泌物这种"挤肛门腺"的事情，还是应该交给宠物医生或宠物店员才安心一些。大多数的狗狗都比较抗拒这种比较私密的地方被人接触，只有操作熟练，才能减轻过程中的疼痛感。

让狗狗适应梳毛的方法

1 **看着刷子喂食**

首先让狗狗适应刷子。拿着刷子，反复一边让狗狗看刷子，一边喂食。

2 **一边喂食，一边用刷子接触狗狗的后背**

接下来让狗狗适应刷子的身体接触。一边喂食，一边尝试用刷子接触狗狗的后背。这时候，刷子不要动。

3 **一边让狗狗舔葫芦漏食玩具，一边刷毛**

等到狗狗不再抗拒刷子接触身体，可以尝试慢慢移动刷子。要是狗狗注意到刷子带来的感觉，主人可以假装"什么都没做哦"，然后把刷子藏起来。可以一边让狗狗舔葫芦漏食玩具，一边试着进行。

→ p.059 葫芦漏食玩具的使用方法

刷过的毛毛好像在发光！

剪指甲

准备的工具

狗狗专用指甲刀

剪指甲前

剪指甲后

指甲的长度应当为脚踏地面时，指甲碰不到地面为宜。如果剪指甲让狗狗感觉到疼痛，那么狗狗可能会从此拒绝让主人摸脚，所以这是一个高难度的护理项目。在双方尚未形成信任关系之前，还是交给专业人士来进行吧。应3~4周剪一次指甲。

有些狗狗在散步时就把指甲自然而然地磨短了，这样就不需要剪指甲了。

1 **保持狗狗稳定**

让狗狗的脚向后伸，保持身体稳定。这个姿势腿不容易活动，可以确保剪指甲过程中的安全。握着脚踝的手臂也要同时按住狗狗的身体。

2 **剪指甲**

指尖的血管连通着血管和神经，所以绝对不能剪秃。首先垂直剪，剪掉上下的棱角后磨圆。可以使用指甲锉。

梳毛

准备
道具

海绵刷

毛刷

铲刀形刷子
（除毛器）

请选择顺手的刷子

拿刷子的手法

如果使用铲刀形刷子，不要握得太紧，也不要太用力。指尖捏住刷子，轻轻接触毛发即可。请放在自己的手臂上，感受力度。

顺着毛发的生长方向刷毛

以脱毛量最大的后背为中心，对全身进行梳理。同时，可以确认皮肤是否有异常、身体是否健康。换毛期每天都需要刷毛，除此以外，每周一次即可。

擦耳朵

准备
道具

耳朵清洁液

化妆棉

不要使用棉棒

如果用棉棒清洁狗狗耳朵内部，很容易损伤耳道。如果污垢严重，请寻求医生的帮助。

1 向耳朵中滴清洁液

液体滴入耳道，揉搓耳根部位，使液体进入耳道中。可以先把当次使用的清洁液转移到其他容器中，与人体温相近后再滴入耳道，这样比较不会使狗狗受惊。

2 用化妆棉擦拭液体

把流出来的液体擦干净，然后把可见耳道部分擦干净。如果耳道中有液体残留，狗狗会自己摇头甩出来。

洗澡

水舀
如果狗狗害怕淋浴的声音,可以用水舀盛水。

沐浴露·干洗沐浴露
狗狗和人类的皮肤pH不同,必须要准备狗狗专用沐浴露。如果需要快速解决战斗,可以选择干洗沐浴露。

毛巾
准备一条吸水性好的速干型毛巾,会大大提高效率。

吹风机

海绵

打泡棉

让狗狗适应浴室和淋浴的方法

不要让淋浴变为恐怖的事情,还是先让狗狗习惯浴室和淋浴的声音吧。
在习惯之前,可以送到宠物店淋浴。

1 在浴室喂零食

首先,为了让狗狗适应浴室空间,可以在这里喂食。

2 习惯喷头

在喷头不喷水的状态下,拿给狗狗看。继续喂食。

3 一边放水,一边喂食

一边喂食,一边从喷头放出微小的水流,注意不要浇到狗狗身上。此时一边观察狗狗的状态,一边加大水流。

4 先往脚下淋水

热水往脚下淋一下,然后马上喂食。一边观察狗狗的状态,一边调整淋水的位置、水量和时间。

淋浴前需要完成梳毛和剪指甲的工作。如果身体不舒服，就不要淋浴。可以用干洗沐浴露来清洁身体。

2 按照从尾巴到脖子的顺序淋湿

水温在37~38℃。脸湿的时候，狗狗会甩头，所以先不要打湿脸部。

喷头靠近身体，声音和刺激就会变小。但如果狗狗无论如何都讨厌淋浴，可以考虑用水桶和软胶皮管来洗澡。

1 沐浴露发泡

用小盆盛好沐浴露和热水，用泡泡棉发泡。

3 将沐浴露泡泡放到身体上揉搓

沐浴露泡泡放到身体上，温柔地揉搓。不要用力。

精细搓洗容易脏的小脚。

4 洗脸

最后打湿脸来洗脸。注意不要让泡泡进到眼睛和耳朵里。

⑤ 按照从脸到尾巴的顺序冲洗

冲洗的时候，要从脸开始。把耳朵按倒，防止进水。腋下、腿内侧、尾巴根的地方容易留存泡泡残液，需要仔细冲洗。之后再整体冲洗一次即可。

⑥ 涂抹护发素

用手把护发素涂在脸部以外的身体上，然后重复上面的冲洗过程。

可以挤出海绵中的水来缓慢冲洗脸部。

冲洗身体下方的时候，可以用手接住热水来清洗。

⑧ 吹干

吹风机在距离身体约20cm处左右摆动，以免烫伤狗狗。先从肚皮开始吹，避免狗狗着凉。用手指顺着毛发吹干，最后用凉风确认全部吹干。如果没吹干，毛发摸起来是凉的。

⑦ 擦干

用毛巾擦干水分。让狗狗肆意地抖动身体吧。

最后用微风吹脸。有时候在吹身体的时候，面部自然而然就干了。

刷牙

准备道具

牙刷

犬类专用牙刷或儿童牙刷（小头）。

犬类专用牙膏

仅涂抹在牙齿表面，就能起到预防牙周病的作用。

纱布

缠在指间摩擦牙齿。

让狗狗适应刷牙的方法

1　让狗狗适应手指伸入嘴里

使用小芝士香肠塞入口中，让狗狗平静地接受手指进嘴里的动作。习惯以后，用手指蘸牙膏，也按同样的方法使其适应。

→**p.079**　让狗狗适应手指伸进嘴巴里

2　用纱布擦拭牙齿

将纱布缠在手指上，蘸湿，擦拭牙齿。习惯以后，用纱布蘸牙膏，也按同样的方法使其适应。

3　用牙刷蘸牙膏，让狗狗舔食

用牙刷蘸牙膏，送到狗狗鼻子前面，狗狗一定会舔掉。别忘了牙刷蘸水，使刷毛变软。

4　刷牙

舔了以后，马上用牙刷刷几秒钟牙齿。重复3~4的步骤，让狗狗适应刷牙。最好在恒齿发育前的7~8个月，完成适应这个过程。

与 深爱的 银发阿柴一起生活

按着GON的双颊，彼此对视。

TETSU是世界第一帅哥！

GON好可爱啊！

沉静下来的TETSU能跟主人一起用手机玩自拍。

狗狗的年纪越大，就越发可爱。

面部毛发变白。

我把散发着"银发魅力"的高龄柴犬，叫作"银柴"。这也是与GON和TETSU一起生活的时候，自然而然创造出来的词汇。

脖子后出现了一圈白色的领子。

银柴放松的时候出现的双下巴！

故意踩人脚。

听力下降，原本对打雷大惊小怪，现在也没那么在意了。

咕叽

不仅仅看起来变了，日常行为和动作也出现了变化。

虽然有点小寂寞……

轰隆隆

呼噜噜

也是好事。

长年累月的相互陪伴，彼此之间形成了默契。

回家吧!

要是感觉到我露出疲惫的神色，就会早早结束散步回家。

TETSU看起来高冷，但却会对我的举动额外留心。

要回家吗?

扭头看

回家的方向

变成高龄犬以后是这样的

高龄的证据

偶见白内障发生

视力下降以后，常见碰撞其他物体的现象。或者走路的时候贴着墙根，或者产生讨厌散步的情绪。

听力下降

对以前会做出反应的声音，不再会做出反应。

白发变多

也就是白毛。除此之外，还有因为新陈代谢变慢导致不怎么换毛、毛色失去光泽的现象。

尾巴更多下垂

体力减弱，腰身、尾巴、头部都愈发低垂。

指甲大多会伸出来

运动量减少，指甲被磨平的机会减少，必须要定期修剪指甲。因为带着长指甲走路会增加关节的负担。

→p.192 剪指甲

不刷牙会出现口臭

如果不养成刷牙的习惯，有可能会出现牙周疾病，导致口臭。牙疼会导致食欲下降。

→p.197 刷牙

睡觉时间延长

一天当中，大多数的时间都在睡觉。但也有因病导致卧床不起的情况，请务必定期接受体检。

散步　室外的刺激对大脑产生积极影响

在还能步行的时候经常散步，可以保持狗狗的体力。慢慢走一走，享受跟爱犬长相厮守的时刻。

如果不能独立行走，可以用小推车带着狗狗外出，这样也能给狗狗的大脑带来良好刺激。可以出去的时候让狗狗自行行走，回家的时候乘坐小推车，以减少体力负担。

室内

在狗狗钟爱的地方摆放小台阶

要是腿脚不灵便，就不能跳到钟爱的沙发上了。这时候，可以摆个小台子，用来作狗狗上下的台阶。尽量不要改变家具的位置，并清除多余的障碍物。

饮食

喂食高龄犬食物，可以考虑便于食用的软食

如果还能吃干狗粮，可以跟以往一样用手喂食。如果难以咀嚼干狗粮，可以用热水把干狗粮泡软后喂食，也可以直接喂食湿狗粮。把狗粮盆放在小台子上，可以方便狗狗就餐。

目标是长命百岁！

也许需要额外的看护

排泄　　寻求可以同时减少狗狗和主人负担的方法

对于腰身难以直立的狗狗来说，可以用支撑腰部的腰带来帮助其排泄。

如果狗狗在房间里随地大小便，可以在笼子等专属区域里铺满防尿垫。当然，也可以考虑狗狗尿不湿。

饮食　　如果不能自己进餐，就需要主人协助喂食

如果可以吃湿狗粮，那么就把湿狗粮揉成小丸子，用勺子喂食。吃流食的情况下，可以用注射器喂食。无论哪一种，都需要抱起狗狗的上半身，一边确认吞咽的进度，一边继续喂食。

看护生活通常比较漫长，主人也要适当休息！

　　爱犬年岁渐长以后，可能会出现卧床不起的问题。这种情况下，就需要主人对其进行饮食和排泄的看护。看护方法多种多样，可以与宠物医院的医生共同商讨解决问题的方法。

　　最重要的是，不要一个人单独承担重负。就像看护生病的人一样，独自承担照料的责任，会身心俱疲。主人可以偶尔把狗狗寄存到宠物医院，或者委托宠物看护员帮忙，从而给自己留出休息的时间。其实，爱犬也一定不想见到你疲惫不堪的样子。

卧床不起以后

让狗狗躺在可以分散体重的软床垫上

为防止褥疮，可以让狗狗躺在能分散体重的软床垫上。

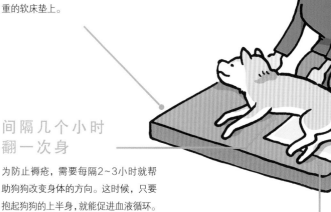

间隔几个小时翻一次身

为防止褥疮，需要每隔2~3小时就帮助狗狗改变身体的方向。这时候，只要抱起狗狗的上半身，就能促进血液循环。

下图画圈处为容易发生褥疮的位置

用尿垫接住排泄物

在臀部下面垫放一张尿垫，接住排泄物。臀部周围比较容易脏，可以用免水浴液帮助狗狗保持清洁。

你知道吗? **柴犬常见痴呆患者**

柴犬本来就是容易发生遗传性痴呆症的犬种。发生痴呆症状的时候，狗狗会吠叫不停，总想吃饭，无意义徘徊。如果狗狗可以在家里自由活动，偶见它在徘徊的时候被卡在家具之间的情况。如果把它关在圆形栅栏里，则可以观察到它沿着栅栏走圈圈的现象，但这样可以避免了被卡住的风险。

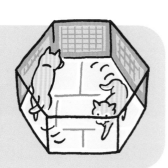

了解柴犬容易罹患的疾病

特应性皮炎

原因 螨虫、霉菌、花粉、灰尘等过敏源会导致皮肤炎症。梅雨季节常见恶化趋势。

症状 眼睛、口鼻、大腿根儿、腹部等部位出现瘙痒、慢性脱毛现象。色素沉着会导致皮肤呈现暗红色。

预防和治疗 通过口服药和外用药膏抑制症状。可以通过淋浴把过敏源清洗干净，然后进行保湿，这样可以在一定程度上起到预防作用。清洁的室内环境和空气净化器的使用，也能起到预防作用。另外，还有让狗狗逐步适应过敏源的退敏治疗。

二尖瓣反流

原因 心脏的二尖瓣变异导致血液逆流，从而导致身体中的循环血液量不足。这是犬类中最常见的心脏病。

症状 初期无症状。但病情发展后，会出现不喜欢运动、咳嗽等现象。重症情况下，会出现肺水肿、呼吸困难、神志不清等症状。

预防和治疗 喂食减轻心脏负担的降压药和提高心肌功能的强心药。有必要介入食物疗法，并控制运动量。在专科医院，可以进行更换人造二尖瓣的手术。肥胖和高盐食物会对心脏造成负担。请务必定期体检以求尽早发现该病症。

你知道吗？

致死性遗传病

神经节苷脂病，是一种尚无有效治疗方法的遗传病。如果罹患这种疾病，狗狗可能在1岁左右就夭折。因为这是一种来自父母的遗传基因，所以只要从以适当的方式繁殖幼犬的宠物商店购买幼犬，就不会存在问题。

膝盖骨脱臼

原因　膝关节发育不全或韧带异常，导致膝关节上的膝盖骨移位。该问题会导致关节和韧带受损。

症状　疼痛会导致腿部无法拉伸、踮脚走路、腿部无法弯曲等现象。请特别注意玩耍时忽然叫一下的情况。

预防和治疗　通过口服药或激光治疗，限制运动量和限制体重等手段防止该情况再次发生。重度脱臼和骨骼变形时，需要进行手术治疗。日常可以在地板上做一些防滑措施，对后腿进行拉伸训练、按摩等预防措施。

早发现早治疗是亘古不变的真理

只要主人能够把这些疾病的症状记住，就能实现病灶的早期发现。无论是什么疾病，只有早发现早治疗，才能尽早康复。

另外，我们还需要通过定期体检发觉肉眼难以察觉的疾病。验血结果会如实地反映出身体各项指标的实际情况。在狗狗身体出现异样的时候，应尽早就医。但即使狗狗身体看起来无恙，也应该每年进行一次体检。

特别鸣谢各位出镜的阿柴

影山 KOMA

封面明星
大福先生

影山 TETSU 君

HIRO

冈 MIINA

冈 GOMAME

SUZU

藤井铃 KASUTERA

藤井豆大福君

藤井豆大福君

佐藤肉丸子

佐藤 GOMA

永友丰来

ASAHI

大久保 MOMO

坂井 KINAKO

可可

加藤 MOKO

坂井 KINAKO

小岛小夏

种村银君

Original Japanese title: HAJIMEYOU! SHIBAINU GURASHI

Copyright © 2020 SONOKO TOMITA

Original Japanese edition published by Seito-sha Co., Ltd.

Simplified Chinese translation rights arranged with Seito-sha Co., Ltd.

through The English Agency (Japan) Ltd. and Shanghai To-Asia Culture Co., Ltd.

©2022，辽宁科学技术出版社。

著作权合同登记号：第 06-2020-229 号。

图书在版编目（CIP）数据

开始吧！养一只柴犬 /（日）西川文二监修；（日）影山直美插图；王春梅译 . — 沈阳：辽宁科学技术出版社，2022.6（2024.10 重印）

ISBN 978-7-5591-2409-8

Ⅰ . ①开…　Ⅱ . ①西…　②影…　③王…　Ⅲ . ①犬—驯养　Ⅳ . ① S829.2

中国版本图书馆 CIP 数据核字（2022）第 021808 号

出版发行：辽宁科学技术出版社

　　　　　（地址：沈阳市和平区十一纬路25号　邮编：110003）

印　刷　者：辽宁新华印务有限公司

经　销　者：各地新华书店

幅面尺寸：145mm×210mm

印　　张：6.5

字　　数：200千字

出版时间：2022年6月第1版

印刷时间：2024年10月第6次印刷

责任编辑：康　倩

版式设计：袁　舒

封面设计：袁　舒

责任校对：徐　跃

书　　号：ISBN 978-7-5591-2409-8

定　　价：49.80元

联系电话：024-23284367

邮购热线：024-23284502